이해하는
미적분
수업

THE CALCULUS STORY
A MATHEMATICAL ADVENTURE, FIRST EDITION
© David Acheson 2017

THE CALCULUS STORY: A MATHEMATICAL ADVENTURE,
FIRST EDITION was originally published in English in 2017.
This translation is published by arrangement with Oxford University Press.

BADA PUBLISHING CO., Ltd. is solely responsible for this translation from the
original work and Oxford University Press shall have no liability for any errors,
omissions or inaccuracies or ambiguities in such translation or for any losses
caused by reliance thereon.

Korean translation copyright © 2020 by BADA PUBLISHING CO., Ltd.
Korean translation rights arranged with Oxford University Press through
EYA(Eric Yang Agency)

이 책의 한국어판 저작권은 EYA(Eric Yang Agency)를 통해
Oxford University Press와 독점 계약한 (주)바다출판사에 있습니다.
저작권법에 의하여 한국 내에서 보호를 받는 저작물이므로 무단 전재 및 복제를 금합니다.

The Calculus Story

David Acheson

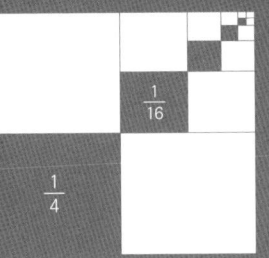
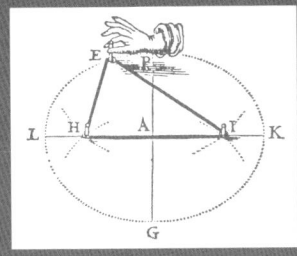
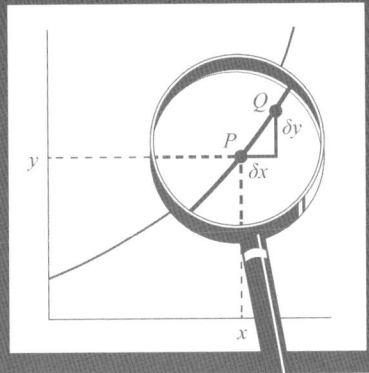
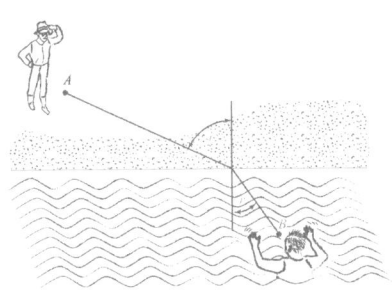
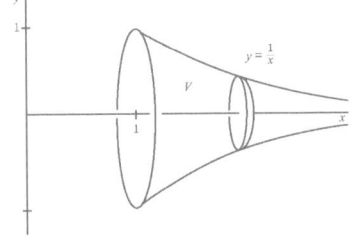

이해하는 미적분 수업

데이비드 애치슨 지음 | 김의석 옮김

**풀지 못한 미적분은 무용하고
이해하지 못한 미적분은 공허하다**

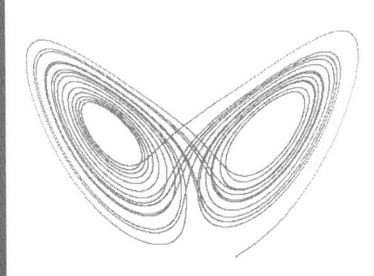
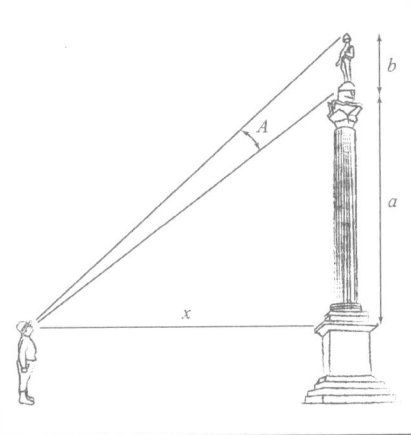

바다출판사

미적분을 도저히 이해하지 못하겠다고 했던
재닛 밀스(1954~2007년) 박사를 추억하며

차례

1강 | 이해하는 미적분 수업계획서　9
2강 | 수학의 정신　15
3강 | 무한대 개념의 등장　24
4강 | 미적분은 변화를 다룬다　32
5강 | 미분의 기본 아이디어　38
6강 | 밭의 넓이를 최대로 만드는 방법　46
7강 | 무한대 즐기기　53
8강 | 미분에서 적분으로　62
9강 | 무한급수로 상자 쌓기　74
10강 | 무한급수로 적분하기　82
11강 | 미적분과 역학의 관계　87
12강 | 뉴턴과 프린키피아　94
13강 | 라이프니츠가 선수를 치다　103
14강 | 기호의 중요성　114
15강 | 누가 미적분을 발명했을까?　122
16강 | 진동하는 사인과 코사인　130

17강	라이프니츠의 무한급수	137
18강	미적분, 공격을 받다	145
19강	오일러의 미분방정식	152
20강	미분방정식과 물리세계	160
21강	최단강하곡선을 찾아서	168
22강	e라는 미스터리한 수	176
23강	무한급수 만드는 법	183
24강	허수와 유체역학	189
25강	무한대를 주의하라	195
26강	극한이란 정확히 무엇인가?	205
27강	자연의 방정식	211
28강	미적분에서 카오스이론까지	219

참고 문헌	228
그림 출처	229
찾아보기	230

1강

∫

이해하는 미적분 수업계획서

1666년 여름, 아이작 뉴턴Isaac Newton(1642~1727년)은 정원의 사과나무에서 사과가 떨어지는 것을 보고, 바로 그 자리에서 중력 이론을 생각해냈다. 적어도 전해지는 이야기는 그렇다.

실제 있었을 여러 과정이 지나치게 축소되었지만, 이 짧은 이야기야말로 미적분학을 처음 소개하기에 아주 적당한 예다.

왜냐하면 사과는 떨어지면서 속력이 점점 빨라지는 운동을 하기 때문이다.

이러한 사과의 움직임은 사과가 떨어지는 동안 어떤 한 지점에서의 속력이 얼마인지 궁금증을 불러일으킨다.

다음은 누구나 잘 알고 있는 속력 공식이다.

$$속력 = \frac{이동\ 거리}{시간}$$

이 공식은 움직이는 속력이 일정할 때, 즉 이동 거리가 시간에 비례할 때만 성립한다.

바꿔 말해, 이 속력 공식은 시간에 대한 이동 거리 그래프의 모양이 직선인 경우에만 성립한다. 이때 직선의 경사 혹은 기울기는 **그림 1.1**에서 보듯 속력을 나타낸다.

그러나 사과가 떨어지는 운동에서는 사과가 떨어진 거리가 시간에 비례하지 않는다. 갈릴레오 갈릴레이Galileo Galilei가 발견했듯이 이 자유낙하 운동에서 시간 t 동안 물체가 떨어진 거리는 t가 아니라 t^2에 비례한다.

사과는 특정 시간 동안 특정 거리만큼 떨어지는데, 이때 떨어진 시간이 2배 길어지면 떨어진 거리는 2^2인 4배 늘어난다. 따라서 시간에 대해 사과가 떨어진 거리를 그래프로 그리면 **그림 1.2**와 같다.

그림 1.2의 그래프에서 시간이 흐르면서 곡선의 기울기가 점점 증가하는 것은 사과가 떨어지는 속력이 점점 증가하고 있다는 것을 명백하게 보여준다. 이처럼 시간에 따라 무엇인가가 변화하는 비율이야말로 미적분학 전체의 핵심 아이디어다.

미적분학은 한마디로 변화를 다루는 학문이다. 아니 좀 더 정확하게 말하면 무엇인가가 변화하는 비율을 다루는 학문이다.

미적분학은 17세기 후반 영국 과학자 아이작 뉴턴과 독일 수

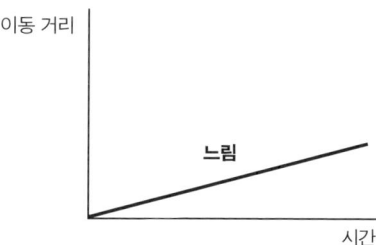

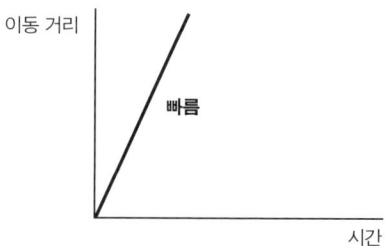

그림 1.1 속력이 일정할 때의 움직임 그래프

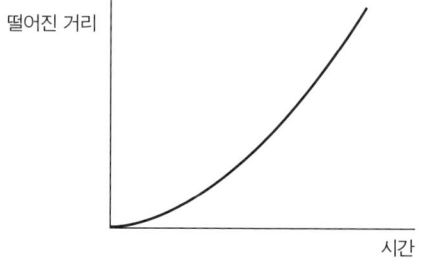

그림 1.2 떨어지는 사과의 움직임

학자 고트프리트 라이프니츠Gottfried Leibniz(1646~1716년)의 연구 덕택에 세상에 등장했다.

뉴턴과 라이프니츠는 서로 직접 만난 적은 없었지만, 조심스럽게나마 편지는 주고받는 사이였다. 처음에 두 사람은 서로에게 우호적이며 공손했지만, 시간이 지나면서 '누가 미적분학을 발명했는가?'라는 문제로 관계가 나빠졌다. 다만, 이 짧은 수업의 주요 관심사는 미적분학 자체이기 때문에 이 이야기는 나중에 좀 더 자세히 다루기로 한다.

무엇보다도 이 수업에서는 미적분학의 핵심 아이디어와 중요한 역사적 사건들을 주로 이야기할 것이다. 이를 통해 여러분은 미적분학의 '큰 그림'을 볼 수 있을 것이다. 또한 미적분학이 어떻게 물리학을 포함해 여러 다른 과학의 기초가 되었는지 알게 될 것이다.

예를 들어 우리는 기타 줄의 진동과 같은 현상을 과학적으로 이해하기 위해 미적분학을 사용할 수도 있다(**그림 1.4**).

또한 이 수업에서는 미적분학이 다양한 분야에서 응용되는 경우뿐만 아니라 미적분학 자체의 여러 재미있는 결과물을 순수하게 맛볼 수 있을 것이다. 예를 들어 **그림 1.5**는 π와 여러 홀수 사이의 매우 특이한 관계를 보여준다.

이 수업을 보면서 **그림 1.5**와 같은 놀라운 관계가 성립하는 이유를 이해하게 될 것이다. 이 수업은 그리 많지 않은 분량이지만 미적분학의 주요 원리와 응용을 잘 전달하겠다는 높은 목표를

그림 1.3 아이작 뉴턴과 고트프리트 라이프니츠

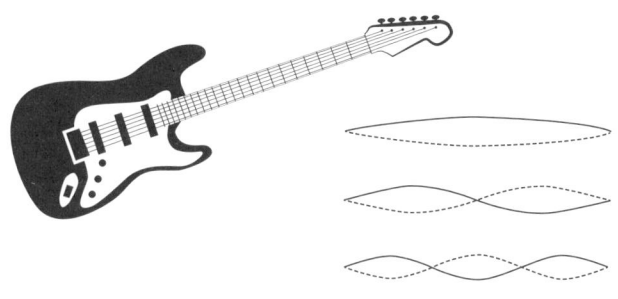

그림 1.4 기타 줄의 진동

$$\frac{\pi}{4} = 1 - \frac{1}{3} + \frac{1}{5} - \frac{1}{7} + \cdots$$

그림 1.5 π와 홀수 사이의 놀라운 관계

가지고 있다. 그러므로 여러분이 이 수업을 잘 습득한다면 미적분학을 이해할 수 있을 뿐만 아니라, 제대로 공부하는 방법도 알게 될 것이다. 이러한 목적을 달성하려면 먼저 수학의 기본 속성과 수학에 담긴 정신을 조금이나마 생각해볼 필요가 있다. 2강에서 함께 살펴보자.

2강

수학의 정신

예일대학교가 소장한 바빌로니아 유물 가운데 YBC 7289라 불리는 유명한 점토판이 있다. 대략 기원전 1700년경에 만들어진 것으로 보이는 이 점토판에는 **그림 2.1**과 같은 간단한 기하학적 그림이 그려져 있다.

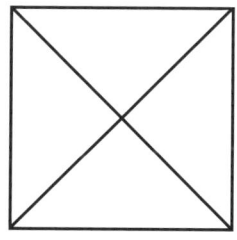

그림 2.1 정사각형과 대각선

점토판에는 설형문자(기원전 3000여 년 전부터 메소포타미아 등 고대 오리엔트 지역에서 널리 쓰이던 문자)가 새겨져 있었는데, 해독해 보니 $\sqrt{2}$의 근삿값이었다. 놀랍게도 오차는 100만분의 1도 채 되지 않았다.

고대 바빌로니아 사람들은 정사각형에서 한 변의 길이와 대각선 길이의 비율이 $\sqrt{2}$라는 사실을 어떻게 알았을까?

그 과정을 추측건대 바빌로니아 사람들은 **그림 2.2**와 같은 다이어그램에서 힌트를 얻지 않았을까 생각한다.

그림 2.2에서 바깥쪽 커다란 정사각형의 넓이는 2×2로 4이고, 안쪽에 있는 색이 칠해진 정사각형의 넓이는 바깥쪽 커다란 정사각형 넓이의 절반이므로 2이다. 따라서 색칠한 정사각형의 한 변의 길이는 $\sqrt{2}$이다.

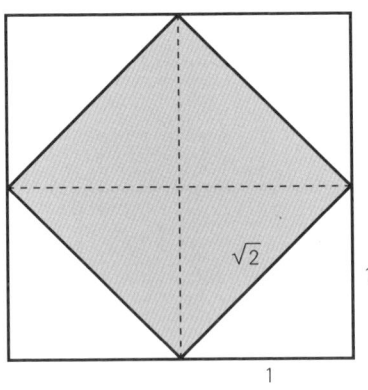

그림 2.2 간단한 연역법

이러한 수학의 연역적 특징은 오늘날 수학이라는 학문의 중심을 이루고 있다.

수학자들은 '무엇이 사실이지?'가 아니라 '왜 사실이지?'라고 끊임없이 질문한다.

수학자들은 가능한 모든 것을 일반화하려고 한다. 그 대표적인 예가 피타고라스 정리다. 피타고라스 정리는 직각삼각형에서 세 변 사이의 간단한 관계를 일반화해 보여준다. 직각삼각형이라면 짧고 뚱뚱하거나 길고 가늘거나 상관없이 피타고라스 정리가 언제나 성립한다.

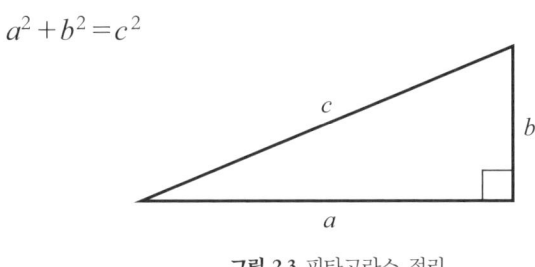

그림 2.3 피타고라스 정리

이렇게 어디에서나 성립하는 일반성은 수학에서 가장 선호하는 것인데, 피타고라스 정리가 권위 있는 이유는 바로 이런 일반성 때문이다.

대수학

기하학의 기원이 고대 그리스 혹은 그 이전까지 거슬러 올라가는 것과는 달리, 대수학은 훨씬 최근에 시작되어 발전해왔다. 예를 들어, 누구나 잘 알고 있는 수학 기호인 등호(=)조차도 1557년에야 처음 사용되었는데, 이때는 뉴턴이 태어나기 불과 100년도 채 남지 않았던 시기이다.

대수학의 주된 목적은 일반적인 수학 지식과 아이디어를 간결한 방식으로 표현할 수 있도록 조작하는 것이다. 다음 식은 이러한 대수학의 결과 중 하나로 우리의 수업에서 매우 중요하게 다룰 등식이다.

$$(x+a)^2 = x^2 + 2ax + a^2$$

이 등식은 기본적인 대수학 규칙에 따라 x와 a가 어떤 값이든 상관없이 성립한다. 특히 x와 a가 모두 양수라면 **그림 2.4**처럼 도형의 면적을 이용해 기하학으로 증명할 수도 있다.

기하학을 이용한 피타고라스 정리의 증명

때때로 수학에서의 연역적인 논증이나 증명은 그 자체로도 즐

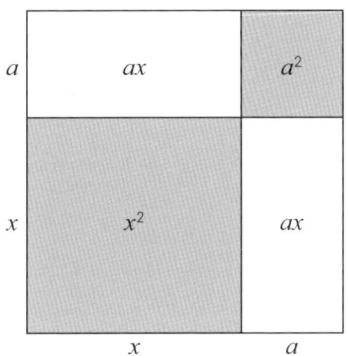

그림 2.4 기하학을 이용한 대수학

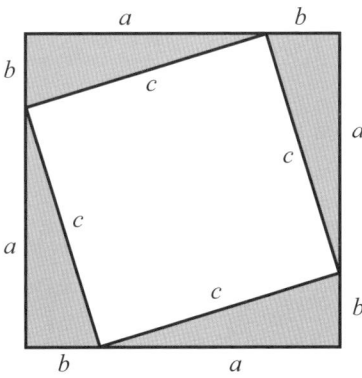

그림 2.5 피타고라스 정리의 증명

겁고 흥미 있는 일이다. 예를 들어 **그림 2.5**의 피타고라스 정리의 증명을 살펴보자.

앞의 그림과 같이 한 변의 길이가 $a+b$인 정사각형 안에 빗면의 길이가 c인 똑같은 모양과 넓이의 직각삼각형 네 개를 넣었다. 그러면 바깥쪽 정사각형의 안쪽에는 넓이가 c^2인 정사각형이 생긴다.

이때 직각삼각형 한 개의 넓이는 $(1/2)ab$이므로, 바깥쪽 정사각형의 넓이는 c^2+2ab이다. 한편 바깥쪽 정사각형의 넓이는 $(a+b)^2=a^2+2ab+b^2$이기도 하다. 따라서 $a^2+2ab+b^2=c^2+2ab$이고, 정리하면 $a^2+b^2=c^2$이다.

이 증명법은 간결하면서도 명확하므로 피타고라스 정리를 증명하는 여러 방법 가운데 단연 최고로 손꼽을 만하다.

지구의 반지름을 구하는 방법

역사를 통해 알 수 있듯이, 수학은 우리가 사는 이 세상이 어떻게 움직이는지 이해하는 데 매우 중요한 역할을 해왔다. 특히 이 세상 여러 현상들 중에서도 우주의 본성은 수많은 궁금증을 불러일으켰다. 그런데 우주의 본성을 연구하기 위해서는 불가피하게 지구의 크기를 구하는 것부터 시작해야 한다.

지구의 크기를 구하는 한 가지 방법은 **그림 2.6**과 같이 높이 H

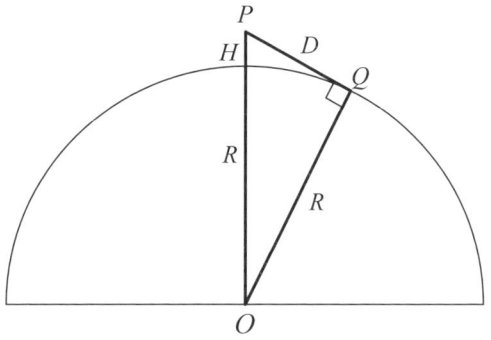

그림 2.6 지구의 크기 측정

인 산에 올라가 지평선까지의 거리 D를 측정하여 구하는 것이다. 산꼭대기에서 지평선을 바라보는 시선 PQ는 지구 표면의 접선이므로 지구의 반지름 OQ와 직각을 이룬다. 그러므로 삼각형 OQP는 직각삼각형이며, 피타고라스 정리를 적용하면 다음과 같은 등식을 얻을 수 있다.

$$(R+H)^2 = R^2 + D^2$$

R은 지구의 반지름이다.

좌변은 $R^2+2RH+H^2$과 같으므로, 양변에서 R^2을 소거하면 $2RH+H^2=D^2$이다.

그런데 사실상 H는 지구 반지름 R에 비해 매우 작으므로 H^2은 $2RH$에 비해 아주 매우 작다. 그러므로 너무 작아 의미 없는 H^2을 지우면 $2RH$는 대략 D^2과 같다고 할 수 있다. 따라서 지구 반지름 R은 다음과 같다.

$$R \approx \frac{D^2}{2H}$$

1019년경 알 비루니Al-Biruni는 이것과 비슷한 방법으로 지구 반지름 R을 계산했다. 당시 알 비루니가 계산한 값은 실제 지구 반지름과 1퍼센트도 채 차이가 나지 않을 만큼 매우 정확했다. 무려 1000년 전임을 생각할 때, 이것은 정말 놀라운 성과였다.

기하학과 대수학의 결합

나는 기하학과 대수학이 함께 사용되어 강력한 효과를 나타내는 경우를 소개하면서 이번 수업을 끝마치려고 한다.

오늘날 우리는 두 수 사이에 성립하는 관계(예를 들어 $y = x^2$)를 다룰 때 **그림 2.7**과 같이 그래프를 그리기 위해 x와 y를 좌표로 사용한다. 지금 우리의 방정식은 곡선을 나타내고 있다. 반대도 마찬가지다. 기하학 문제에서 곡선이 주어지면 방정식으로 나타낼 수 있다.

그러나 뉴턴이 활동했던 때만 해도 이것은 완전히 새로운 생각이었다. **그림 2.7**과 같은 좌표기하학은 피에르 페르마Pierre de

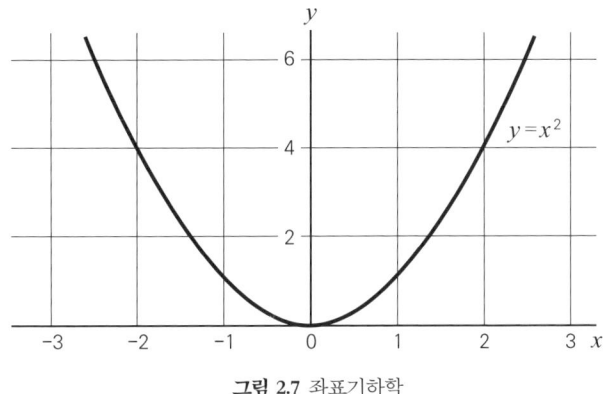

그림 2.7 좌표기하학

Fermat(1601~1665년)와 르네 데카르트René Descartes(1596~1650년) 같은 수학자 덕분에 지금처럼 발전하였다.

좌표기하학 덕분에 인류는 미적분학에 바짝 다가설 수 있게 되었지만, 우리에게는 아직 한 가지 중요한 개념이 더 필요하다.

3강

∫

무한대 개념의 등장

무한대라는 개념은 매우 오래전 아르키메데스Archimedes가 살았던 기원전 220년경에 이미 등장했다. 그런데 사실 무한대는 개념 자체보다는 무한대에 점점 가까워진다는 생각이 더 중요하다. 두 가지 예를 들어보겠다.

정다각형을 이용해 원의 넓이 구하기

그림 3.1의 두 공식은 각각 원의 둘레와 넓이를 구할 때 사용하는 공식으로 열에 아홉은 배워 알고 있을 만큼 잘 알려진 수학 공식이다. 그런데 이 공식들은 어떻게 나왔을까?

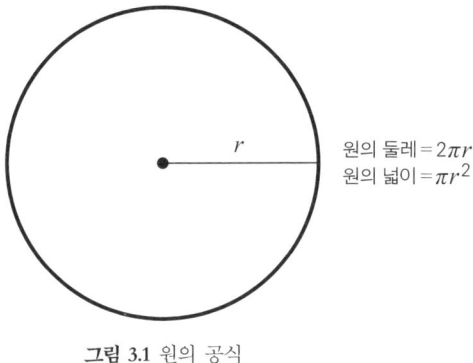

그림 3.1 원의 공식

모든 원에서 원의 둘레와 지름의 비율은 똑같으므로 π는 다음과 같이 정의한다.

$$\pi = \frac{\text{원의 둘레}}{\text{원의 지름}}$$

반지름과 지름은 각각 r과 $2r$이므로 원의 둘레 공식은 π의 정의에서 바로 얻을 수 있다. 바꾸어 말해 원의 둘레 공식은 π의 의미를 약간 다르게 쓴 것에 불과하다.

그러나 원의 넓이 공식인 πr^2을 증명하려면 다른 방법을 사용해야 한다.

이 공식이 참인 이유를 증명하기 위해 **그림 3.2**와 같이 원 안에 모서리가 N개인 정다각형을 넣는 아르키메데스의 방법을 사용해보자.

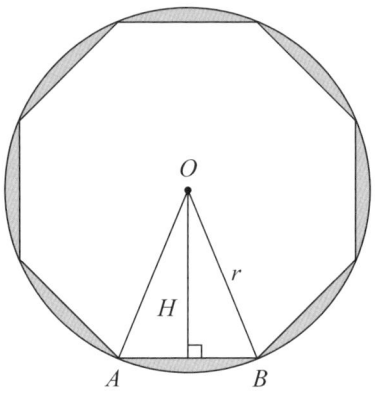

그림 3.2 원의 넓이 근삿값 구하기

위 그림에서 원의 중심을 O라 하면 원을 채우는 정다각형은 OAB와 같은 삼각형 N개로 이루어져 있다고 생각할 수 있다. 이때 밑변의 길이를 AB, 높이를 H라 하면, 삼각형 OAB의 넓이는 $(1/2) \times AB$에 H를 곱한 값이므로 정다각형 전체의 넓이는 $(1/2) \times AB \times H \times N$이다.

한편 $AB \times N$은 정다각형의 둘레이므로 정다각형의 넓이는 다음과 같이 표현할 수 있다.

$$\text{정다각형의 넓이} = \frac{1}{2} \times (\text{정다각형의 둘레}) \times H$$

아르키메데스는 여기서 **그림 3.3**과 같이 정다각형 모서리의 개수 N을 점점 증가시키면 정다각형의 넓이가 점점 증가하면서

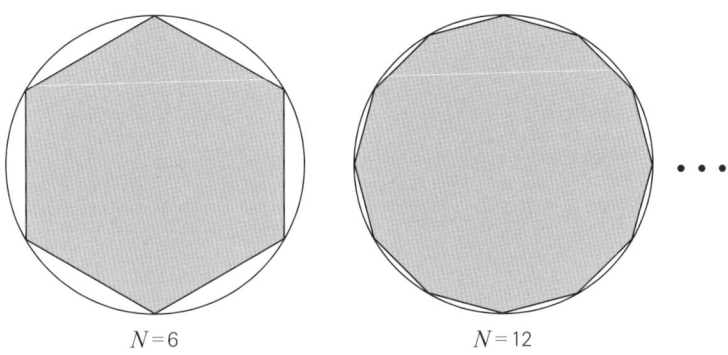

그림 3.3 원과 점점 비슷해지는 정다각형

원의 넓이를 구할 수 있다고 생각했다.

N이 증가하면 정다각형의 둘레는 원의 둘레인 $2\pi r$과 점점 비슷해진다. 또한 삼각형의 높이 H도 원의 반지름 r과 점점 비슷해진다. 그러므로 N이 증가함에 따라 정다각형의 넓이 $(1/2) \times$(정다각형의 둘레)$\times H$는 다음 식과 같아진다.

$$\frac{1}{2} \times 2\pi r \times r$$

즉, πr^2에 점점 가까워진다.

극한이라는 개념의 의미

그런데 '점점 가까워진다'와 같은 설명은 쉬운 이해를 위한 표현으로 사실 조금 애매하고 명확하지 않다. 이것을 좀 더 정확히 수학적으로 표현하면 원의 넓이는 '$N \to \infty$일 때(N이 무한대로 증가할 때), 정다각형 넓이의 극한'이라고 할 수 있다. 그 이유는 충분히 큰 N을 취하면 원과 정다각형의 넓이 차를 최소로 줄일 수 있기 때문이다.

 극한이라는 아이디어는 미적분학에서 가장 중요한 부분이지만, 한 번에 그 미묘한 의미를 이해하기는 어렵다. 부디 여러분이 이 수업의 여러 내용을 차례차례 읽어가면서 극한을 점차 깊이 있게 이해할 수 있게 되기를 바란다. 이해에 큰 도움이 되지는 않겠지만 수학에서 '극한'이라는 단어는 일상의 의미와 매우 다른 방식으로 사용된다. 당분간은 매우 느슨하게 극한을 우리가 충분한 노력으로 원하는 만큼 특정 값에 최대한 가까이 접근하는 것이라고 하겠다.

무한급수

무한대라는 개념이 등장하는 또 다른 예로 다음과 같은 무한급수가 있다.

$$\frac{1}{4}+\frac{1}{4^2}+\frac{1}{4^3}+ \cdots =\frac{1}{3}$$

이 등식을 처음 보면 상당히 놀라게 된다. 왜냐하면 좌변은 무한히 많은 양수를 더하는데, 그 결과가 유한한 수인 1/3이기 때문이다. 이번에는 수식 대신 그림을 이용해 직관적으로 이 등식을 증명해보자.

그림 3.4처럼 넓이와 모서리가 각각 1인 정사각형을 점점 더 작은 정사각형으로 계속 나눈다고 가정한다.

그림에서 모든 회색 정사각형의 넓이는 앞서 본 무한급수를 나타내며 그 넓이는 1/3이다. 이유는 간단한데 모든 회색 정사

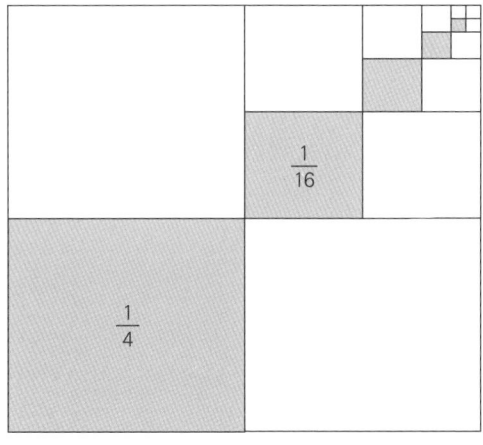

그림 3.4 그림을 이용한 증명

각형의 위와 오른쪽에 같은 크기의 정사각형이 있기 때문이다. 그러나 위와 같이 그림을 이용한 증명은 콕 집어 말하기는 어려워도 어딘가 미묘하게 애매하고 명확하지 않아 보인다.

다음 식을 어떻게 좀 더 정확하게 설명할 수 있을까?

$$\frac{1}{4} + \frac{1}{4^2} + \frac{1}{4^3} + \cdots = \frac{1}{3}$$

위 무한급수의 의미를 좌변에 점점 더 많은 항을 더할수록 우변은 1/3에 가까워진다고 설명하면 좀 더 정확할 것이다. 다시 말해 좌변에 있는 항의 개수가 무한대로 증가하면 좌변의 합은 1/3에 가까워질 뿐 1/3을 넘을 수 없다는 뜻이다.

미적분학 여행

극한의 개념을 포함해 지금까지 배운 것을 잘 이해했다면 이제 본격적으로 미적분학 여행을 떠날 준비가 되었다. 이 여행에는 아래와 같이 네 가지 주요 주제가 있다.

(1) 곡선의 기울기
(2) 곡선으로 둘러싸인 부분의 넓이
(3) 무한급수

(4) 운동 문제(역학)

이제 4강부터 12강까지 위의 네 가지 주제를 차례차례 살펴보려 한다. 무엇보다 내가 핵심 아이디어를 여러분에게 간단명료하게 설명할 수 있기를 바란다.

나는 미적분학이 쉽다고 주장할 생각이 전혀 없다. 사실 쉽지 않다. 벌써 몇 년 지난 일인데, 아버지가 돌아가시기 몇 주 전 아버지를 만났을 때 미적분학이 쉽지 않다는 것을 깨달았다. 아버지는 수학자가 아니셨지만, 당시 내가 책으로 쓰고 있던 내용에 대하여 의견을 주곤 하셨다. 아버지와 나는 뒷마당에 편히 앉아 뉘엿뉘엿 지는 해를 바라보고 있었는데 갑자기 아버지가 내게 말씀하셨다.

"얘야, 아무리 생각해도 $1/4 + 1/4^2 + 1/4^3 + \cdots = 1/3$이라는 네 말에 동의할 수 없구나. 분명 아~~~주 조금이라도 1/3보다는 작을 것 같은데… 안 그러니?"

나는 바로 대꾸했다.

"만약 제가 아~~~주 조금의 뜻을 안다면 모를까 그렇지 않기 때문에 저는 찬성할 수 없네요."

"아!"라고 탄식하신 아버지는 진지하게 무언가 이야기하려 하셨고, 나는 맞받아치기 위해 생각을 가다듬었다. 그러나 아버지는 한동안 아무 말도 하시지 않다가 다음과 같이 말씀하셨다.

"에잇, 모르겠다. 아무럼 어떠니? 술이나 더 마시자꾸나."

4강

∫

미적분은
변화를 다룬다

미적분학은 변화하는 비율을 다루는 학문이다. 이미 앞에서 설명했듯이 변화하는 비율은 곡선의 기울기와 직접 연관이 있다.

그렇다면 곡선 위에 있는 임의의 한 점에서 곡선의 기울기를 어떻게 구할 수 있을까?

직선의 기울기

직선의 기울기는 **그림 4.1**에서 보듯 직선 위의 두 점 P와 Q를 선택하고, P에서 Q로 직선을 따라 움직일 때 x좌표와 y좌표의 변화량을 이용하면 다음과 같이 간단히 계산할 수 있다.

$$\text{기울기} = \frac{y\text{좌표의 변화량}}{x\text{좌표의 변화량}}$$

이 방법의 가장 큰 장점은 직선 위에서 P와 Q를 아무거나 골라도 기울기가 변하지 않는다는 사실이다. 또한 변화하는 비율이 높은 직선일수록 분명히 더 가파른 직선이다.

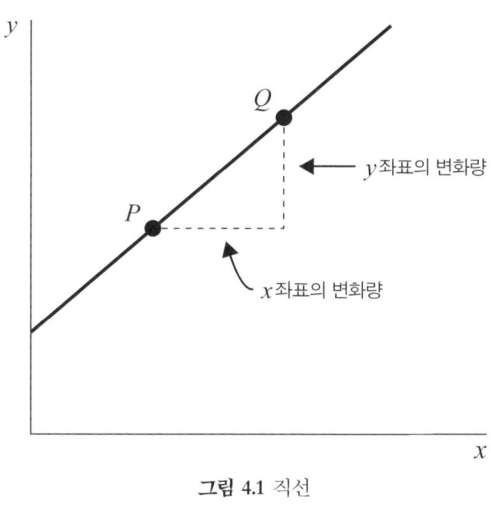

그림 4.1 직선

곡선의 기울기

그러나 같은 방법으로 곡선 위의 한 점 P에서 기울기를 구하려 한다면, Q의 위치에 따라 다음 식의 값이 달라지는 문제가 생긴다.

$$\frac{y\text{좌표의 변화량}}{x\text{좌표의 변화량}}$$

그렇다면 어느 위치에서 Q를 골라야 할까?

한 점 P에서 곡선의 기울기를 구하려면 Q는 P와 가까운 곳에서 골라야 한다. 그러나 도대체 얼마나 가까운 곳에서 Q의 위치를 골라야 할까?

눈을 감고 곰곰이 생각해보면 **그림 4.2**에서 보듯 가까우면 가까울수록 더 좋다는 대답이 떠오를 것이다.

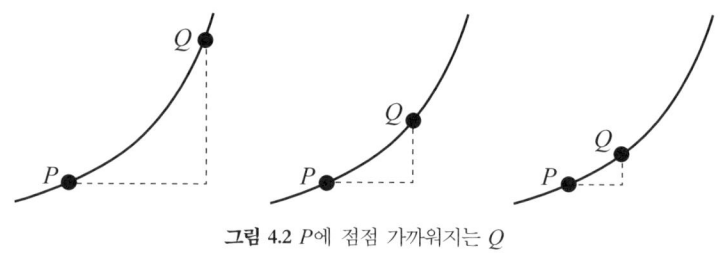

그림 4.2 P에 점점 가까워지는 Q

이 방법대로 하면 곡선의 기울기는 Q가 P에 무한히 가까워질 때 'x좌표에 대한 y좌표의 변화 비율'의 극한으로 정의할 수 있다.

$$P\text{에서 곡선의 기울기} = \lim_{Q \to P} \frac{y\text{좌표의 변화량}}{x\text{좌표의 변화량}}$$

미분은 곡선의 기울기를 구하는 과정이다

위 곡선의 기울기 정의가 사실인지 간단히 확인하기 위해 곡선 $y = x^2$에 직접 적용해보자(그림 4.3).

만약 P와 Q의 x좌표를 각각 x와 $x+h$라고 하면, P와 Q의 y좌표는 각각 x^2과 $(x+h)^2$이다. 이때, P와 Q 사이의 y좌표 변화량은 $2xh + h^2$이므로(2강 참고), 다음과 같은 식이 성립한다.

$$\frac{y\text{좌표의 변화량}}{x\text{좌표의 변화량}} = \frac{2xh + h^2}{h}$$

위 식에서 분자를 분모의 h로 나누면 다음과 같다.

$$\frac{y\text{좌표의 변화량}}{x\text{좌표의 변화량}} = 2x + h$$

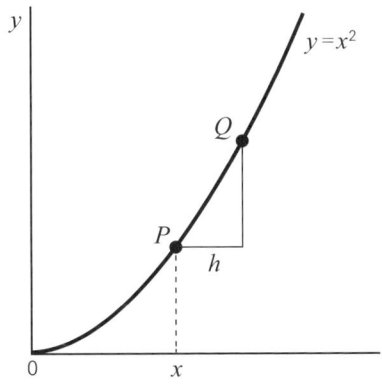

그림 4.3 곡선의 기울기 구하기

여기서 P를 고정한 채 Q가 P에 무한히 가까이 가면 ($Q{\rightarrow}P$), 그림 4.3에서 보듯 h는 0에 무한히 가까워지며($h{\rightarrow}0$), 다음과 같은 등식이 성립한다.

$$\text{곡선 '} y=x^2 \text{'의 기울기} = 2x$$

즉, 곡선의 기울기는 x에 비례하며, x좌표가 증가할수록 기울기도 점점 증가한다. 곡선 $y=x^2$의 모양이 위로 휘어져 아래로 볼록한 곡선인 것을 생각하면 이는 타당하다.

지금까지 설명한 곡선의 기울기를 구하는 과정은 두 가지 이유로 미적분학의 근본을 이룬다.

첫째, 기하학적인 관점에서 보면 어떤 한 점에서 곡선의 기울기는 접선의 기울기이므로, 곡선의 기울기를 알면 곡선 위에 있

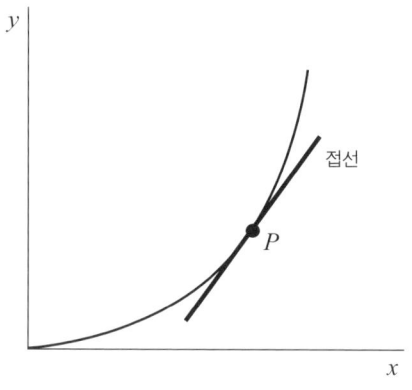

그림 4.4 곡선의 접선

는 어떤 지점에서도 곡선의 접선을 그릴 수 있다(그림 4.4).

둘째, 역학의 관점에서 보면, 곡선의 기울기를 알면 x좌표가 변할 때 y좌표가 변하는 비율을 알 수 있다.

주어진 곡선의 방정식에서 곡선의 기울기를 구하는 과정을 우리는 **미분**이라고 부른다.

5강

∫

미분의 기본 아이디어

미분이라는 개념은 미적분학의 한 축을 담당하는 매우 중요한 개념이므로 특별한 기호를 사용해 나타낸다. 먼저 그리스 문자 델타 δ는 특정한 숫자가 아닌 변화량을 나타낸다. 예를 들어 x가 1에서 1.01로 증가했다면, δx는 0.01이다.

이런 방식으로 δ를 사용하면 변화량을 표현할 수 있는데, 곡선 위의 한 점 P에서 아주 가까이 있는 곡선 위의 다른 점 Q로 곡선을 따라 움직일 때 δx와 δy는 각각 x좌표와 y좌표의 아주 작은 변화량을 나타낸다(그림 5.1).

곡선의 기울기를 구하는 과정이 미분이므로, 미분은 δx가 0에 무한히 가까워질 때($\delta x \to 0$) 즉, 점 Q가 점 P에 무한히 가까이 갈 때 $\delta y/\delta x$의 극한을 구하는 과정이다.

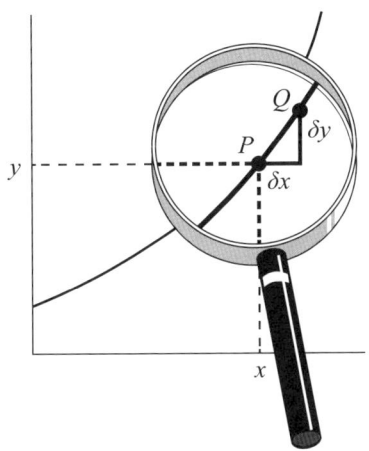

그림 5.1 x좌표와 y좌표의 작은 변화량

미분에서는 이 극한을 그림 5.2에서 보듯 특별한 기호 dy/dx로 나타낸다.

$$\frac{dy}{dx} = \lim_{\delta x \to 0} \frac{\delta y}{\delta x}$$

그림 5.2 dy/dx의 정의

dy/dx는 x에 대한 y의 미분으로 '곡선의 기울기' 혹은 'y좌표 변화량과 x좌표 변화량의 비율'을 나타낸다. 라이프니츠는 수년 간의 연구를 통해 dy/dx를 멋지게 증명했다. 그러나 이 역시 몇

가지 미묘한 부분이 있다.

라이프니츠는 적어도 연구 초기에는 의심의 여지 없이 dy/dx를 '한없이 작은' 두 수 dy와 dx의 비율로 본 것처럼 보인다. 하지만 이 수업에서는 dy/dx를 이와 달리 계속해서 δx가 0에 무한히 가까워질 때($\delta x \to 0$) $\delta y/\delta x$의 극한으로 볼 것이다. 따라서 기호 dy/dx를 분해한다면, 다음과 같이 표현할 수 있다.

$$\frac{d}{dx}(y)$$

위 식에서 d/dx는 그 자체로 기호이며, 'x로 미분한다'는 뜻이다.

미분하는 방법

우리는 이미 4강에서 미분하는 법을 보았으며, $y = x^2$을 어떻게 미분하는지도 이미 알고 있다(그림 5.3).

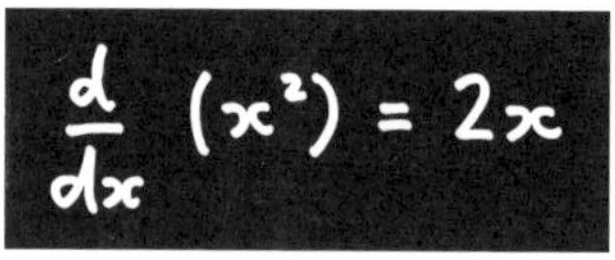

$$\frac{d}{dx}(x^2) = 2x$$

그림 5.3 x^2의 미분

지금부터는 다른 예를 사용해 기호 dy/dx의 사용법을 설명해보겠다.

먼저 $y = 1/x$라고 가정하자. 이미 짐작했겠지만, 이번 경우에는 **그림** 5.4에서 보듯 x가 증가할 때 y는 감소한다. 그러므로 곡선의 기울기는 음의 값이고, dy/dx 또한 음의 값일 것이다.

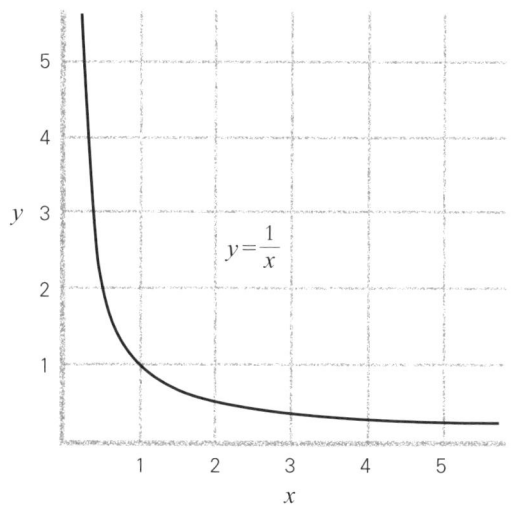

그림 5.4 $y = 1/x$의 그래프

미분에서 맨 처음 할 일은 δy를 구하는 것이다. 주어진 식 $y = 1/x$에서 x좌표가 x에서 $x + \delta x$로 바뀐다면, y좌표는 $1/x$에서 $1/(x + \delta x)$로 바뀐다. 그러므로 δy는 다음과 같다.

$$\delta y = \frac{1}{x+\delta x} - \frac{1}{x}$$

위 식은 다음과 같이 고쳐 쓸 수 있고,

$$\delta y = \frac{-\delta x}{(x+\delta x)x}$$

따라서 방정식을 정리하면 다음과 같다.

$$\frac{\delta y}{\delta x} = \frac{-1}{(x+\delta x)x}$$

미분 정의에 따라 δx가 0에 무한히 가까워질 때($\delta x \rightarrow 0$), 극한을 구하면 $dy/dx = -1/x^2$이다. 그러므로 $1/x$을 미분한 결과는 다음과 같고, 예상했듯이 음의 값이다.

$$\frac{d}{dx}\left(\frac{1}{x}\right) = -\frac{1}{x^2}$$

지금까지 설명한 방법을 사용하면 여러 다른 식을 미분할 수 있으며, **그림 5.5**는 그 결과들을 보여준다. **그림 5.5**에 있는 여러 미분 결과의 규칙을 보고 'x^4의 미분은 $4x^3$'이라는 것을 알아차렸다면, 아주 정확한 예측이다. x^n의 미분은 임의의 양수 n에 대해 **그림 5.6**과 같다. 왜 그런지는 13강에서 설명한다.

$\dfrac{d}{dx}(\text{상수}) = 0$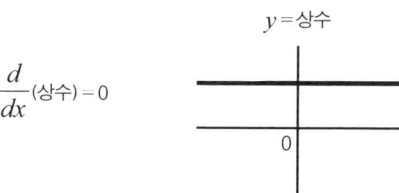

$\dfrac{d}{dx}(x) = 1$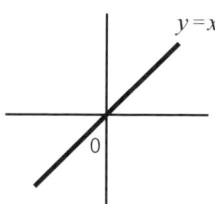

$\dfrac{d}{dx}(x^2) = 2x$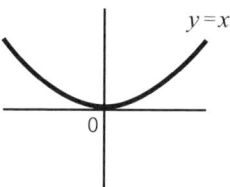

$\dfrac{d}{dx}(x^3) = 3x^2$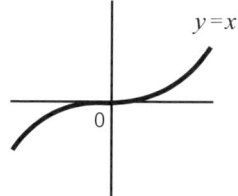

그림 5.5 몇 가지 기본적인 미분

$$\frac{d}{dx}(x^n) = nx^{n-1}$$

그림 5.6 x^n의 미분

함수란 무엇인가

지금까지 살펴본 모든 예에서 임의의 x값에 대응하는 y값은 오직 하나였다. 이런 조건을 만족할 때, y는 x의 함수라고 부른다. 예를 들어 $y = x^2$에서 y는 x의 함수이다. 그러나 이 식에서 임의의 y값에 대해 대응하는 x값은 양수와 음수 각각 하나씩 있으므로 x는 y의 함수가 아니다.

유용한 두 가지 미분 공식

지금까지 탐구한 구체적인 결과에 더해 다음과 같이 매우 유용한 두 가지 공식이 있다.

공식1. $\dfrac{d}{dx}(u+v) = \dfrac{d}{dx}(u) + \dfrac{d}{dx}(v)$

공식2. 만약 c가 상수라면, $\dfrac{d}{dx}(cy) = c\dfrac{d}{dx}(y)$

앞 공식에서 u, v, y는 미분 가능한 x의 함수이다.

6강에서는 $4x-2x^2$을 미분해야 하는데, 그때 이 공식을 사용할 수 있다. 예를 들어 **공식1**을 사용하면 $4x$와 $-2x^2$을 각각 미분한 뒤 그 결과를 더하는 방법으로 $4x-2x^2$을 미분할 수 있다. 또한 **공식2**를 사용하면 $4x$의 미분 결과는 x를 미분한 뒤 4를 곱해 얻을 수 있다. 즉, $4 \times 1 = 4$이다. 같은 방법으로 $-2x^2$을 미분하면 $-2 \times 2x = -4x$이다.

이런 간단한 기법들은 앞으로 다룰 여러 미분에서 유용하게 사용할 수 있다. 그러나 우리가 답을 알아야 할 진짜 중요한 질문은 '이런 미분이 도대체 무엇을 위해 필요한가?'이다.

6강

∫

밭의 넓이를
최대로 만드는 방법

미적분학을 사용하면 크기나 양을 최댓값 혹은 최솟값으로 만들어야 하는 최적화 문제를 풀 수 있다.

밭의 넓이를 최대로 만들기

상상해보라! 여러분은 강 옆에 **그림 6.1**과 같은 직사각형 모양의 밭을 만들고자 하는 농부이다. 여러분에게는 길이 4km인 담장이 있는데, 강을 끼고 세 면을 막아 밭을 만들 수 있다.

이때 밭의 넓이 A를 최대한 크게 만들려면, 담장의 세 면을 각각 어느 정도의 길이로 배분하여 만들어야 할까?

강변을 포함해 정사각형 모양의 밭을 만들면 밭의 넓이 A가 가장 클까?

솔직히 말해 이런 종류의 고민을 하는 농부를 만난 적은 없다. 그러나 사소한 듯 보이는 이 문제는 미적분학이 실생활에서 최적화 문제에 어떻게 사용될 수 있는지 잘 보여준다.

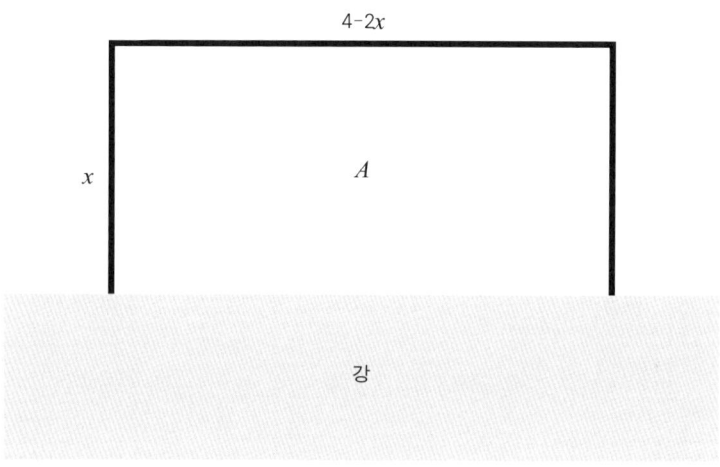

그림 6.1 최댓값 문제

이 문제를 해결해보자. 우선 **그림 6.1**과 같이 강변과 직각을 이루는 담장의 길이를 x라고 하면, 강변과 평행한 담장의 길이는 $4-2x$이다.

밭은 직사각형이므로 밭의 면적은 $x(4-2x)$이고, 다음과 같이 정리할 수 있다.

$$A = 4x - 2x^2$$

이제 우리는 여기서 A를 최대로 만드는 x를 선택해야 한다. 핵심은 위 식을 x로 미분하는 것이다.

$$\frac{dA}{dx} = 4 - 4x$$

이제 위 식에서 $x<1$이면 dA/dx는 양수이므로, A는 x에 비례하여 증가한다. 반면 $x>1$이면 dA/dx는 음수이므로, A는 x에 반비례하여 감소한다.

  이런 사실은 **그림 6.2**와 같이 x에 대한 A의 그래프를 그릴 때 도움이 된다.

$$\frac{dA}{dx} = 0$$

그뿐만 아니라 위와 같이 $dA/dx=0$일 때, 즉 $x=1$일 때 A가 증가를 멈추고 감소하기 시작하므로 $x=1$에서 A가 최댓값임을 알려준다.

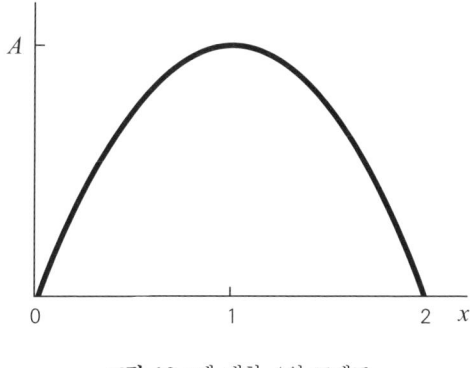

그림 6.2 x에 대한 A의 그래프

한편 $x=1$일 때, 강변과 평행한 담장의 길이 $4-2x$는 2가 된다. 그러므로 밭의 모양을 가로와 세로 비율이 $2:1$인 직사각형으로 만들면 밭의 넓이가 최대가 된다(그림 6.3).

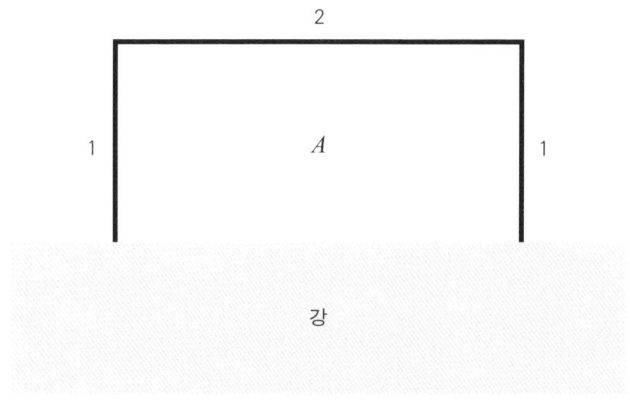

그림 6.3 최댓값 문제의 정답

최적화 문제

1630년경 페르마의 연구 덕택에 미분은 최적화 문제를 푸는 데 매우 효과적인 아이디어로 자리 잡았다. 그러나 여전히 주의할 부분은 있다.

최댓값을 구했던 '농부의 밭' 문제와는 달리 $dy/dx=0$인 x좌표에서 y가 최솟값인 문제도 있다(그림 6.4a).

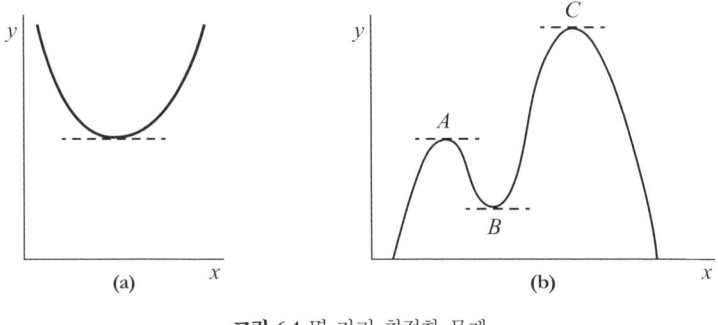

그림 6.4 몇 가지 최적화 문제

그리고 **그림 6.4b**처럼 좀 더 복잡한 예도 있다. **그림 6.4b**에서는 세 점 A, B, C에 대응하는 x좌표에서 $dy/dx=0$이다. 그러므로 점 C에서 y값이 최대라는 사실 혹은 세 점 A, B, C 가운데 어느 점에서도 y값이 최소가 아니라는 사실을 보여주려면 추가적인 작업이 필요하다. 그러므로 일반적으로 $dy/dx=0$은 최적화 문제에서 단지 하나의 조건일 뿐이다.

어디에서 넬슨 기념비를 가장 잘 볼 수 있을까?

이제 내가 가장 좋아하는 최적화 문제 하나를 함께 살펴보면서 이번 수업을 마치려 한다. 물론 이 문제를 풀려면 지금까지 알아본 방법보다는 좀 더 세밀한 풀이 방법이 필요하다.

먼저 여러분이 런던 트라팔가 광장에서 넬슨 기념비를 올려다보고 있다고 상상해보자.

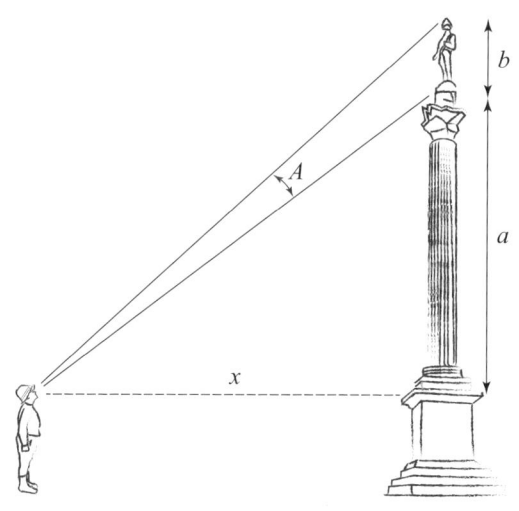

그림 6.5 넬슨 기념비는 어디에서 가장 잘 보일까?

이때 기념비에서 너무 멀리 떨어져 있다면 시야각 A가 너무 작아지는 것이 확실하다. 또한 기념비에 너무 가까이 서 있어도 기념비를 매우 비스듬히 쳐다봐야 하므로 시야각 A가 작아진다. 시야각 A를 최대한 크게 만들려면 여러분은 등대에서 얼마나 먼 거리만큼 떨어져 있어야 할까? 여러분과 등대의 거리는 x이다.

미적분을 사용하면 다음과 같은 답을 얻을 수 있다.

$$x = \sqrt{a(a+b)}$$

여기서 b는 넬슨 장군 동상의 높이이고, a는 여러분의 시선 위에서 시작해 동상 발아래까지 이르는 기둥의 높이이다. 실제로 b는 a에 비해 매우 작으므로 위의 식에서 알 수 있듯이 x는 a와 비슷한 값이 된다. 따라서 등대와 길이 a만큼 떨어져 45도 각도로 올려다봐야 넬슨 장군 동상을 가장 잘 볼 수 있다.

잠깐! 동상과 길이 a만큼 떨어진 곳에 자리 잡을 때는 반드시 차를 조심하도록 하자.

7강

∫

무한대 즐기기

3강에서 우리는 '$N \to \infty$'라는 조건과 모서리가 N개인 정다각형을 사용해 원의 넓이가 πr^2이라는 것을 증명했다.

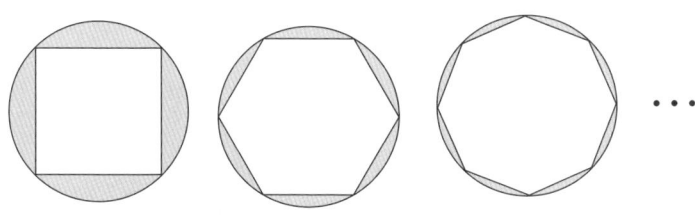

그림 7.1 원의 넓이 근삿값 구하기

이 방법은 사실 정확히 같지는 않지만, 다음에서 소개할 아르키메데스의 아이디어를 빌려온 것이다.

아르키메데스는 우선 원의 면적이 πr^2보다 크다고 가정했다. 그리고 그는 우리가 3강에서 한 것처럼 원에 내접하는 모서리가 N개인 정다각형을 도입한 다음, 유한하지만 충분히 큰 N에 대해 모순이 발생함을 보여주었다.

다음으로 아르키메데스는 원의 면적이 πr^2보다 작다고 가정했다. 그는 원에 외접하는 모서리가 N개인 정다각형을 도입한 다음 충분히 큰 N에 대해 또 다른 모순이 발생함을 보여주었다.

즉, 원의 면적이 πr^2보다 크거나 작을 때 모두 모순이 생기므로 원의 면적은 πr^2이다.

이처럼 모순을 이용해 증명하는 방법을 **귀류법** reductio ad absurdum 이라고 한다. 이 증명에서 어떤 모순이 왜 발생했는지 굳이 알 필요는 없다. 증명 과정의 핵심은 정다각형의 모서리 개수인 N이 무한이 아닌 유한한 수라는 것이다.

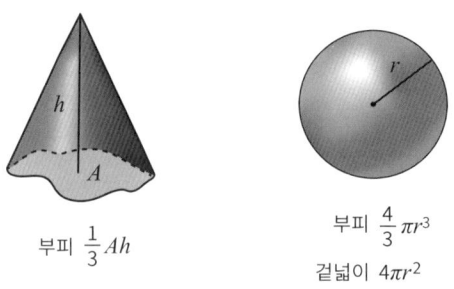

부피 $\frac{1}{3}Ah$

부피 $\frac{4}{3}\pi r^3$
겉넓이 $4\pi r^2$

그림 7.2 뿔과 구의 공식

아르키메데스는 비슷한 방법을 이용해 **그림 7.2**의 오른쪽에 있는 구의 부피 공식과 겉넓이 공식을 증명했다. 또한 이보다 훨씬 이른 기원전 360년경 에우독소스Eudoxus는 뿔의 부피가 **그림 7.2**의 왼쪽과 같다는 것을 증명했다.

여기에서도 원의 넓이를 구할 때와 마찬가지로 무한대 개념은 사용되지 않았다. 고대 그리스 수학자들의 증명을 보면, 그들은 무한대라는 개념을 마치 페스트와 같은 전염병처럼 싫어했다.

위험한 무한대 개념을 사용하다

그런데 1615년 변화가 일어났다. 독일 천문학자인 요하네스 케플러Johannes Kepler는 고대 그리스 수학자들과는 달리 거리낌 없이 무한대 개념을 사용했다. 케플러는 **그림 7.3**에서 보듯 구를 무한히 많은 개수의 무한히 작은 원뿔들로 이루어진 도형이라 생각했다.

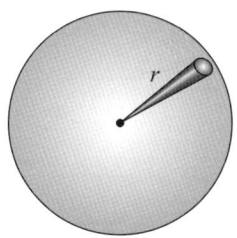

그림 7.3 구의 부피를 구하는 케플러의 접근 방법

케플러는 이러한 접근 방법을 이용하여 구의 겉넓이 공식에서 구의 부피 공식을 손쉽게 만들어냈다.

앞의 그림에서 원뿔의 부피는 원뿔 밑면 면적의 $(1/3)r$ 배이고 무한히 작은 원뿔의 밑면을 모두 합한 구의 겉넓이는 $4\pi r^2$이다. 그러므로 구의 부피는 다음과 같다.

$$\frac{1}{3} r \times 4\pi r^2 = \frac{4}{3} \pi r^3$$

그럴듯하지 않나?

그리고 얼마 뒤, 갈릴레오의 제자였던 보나벤투라 카발리에리Bonaventura Cavalieri는 원의 넓이와 부피를 구하는 기발한 방법을 새롭게 만들어냈다.

그림 7.4에는 두 개의 도형이 있는데, 두 도형은 높이가 같고 임의의 가로선에서 폭이 같다. 그러므로 카발리에리에 따르면 두 도형은 모양이 다르지만 넓이가 같다.

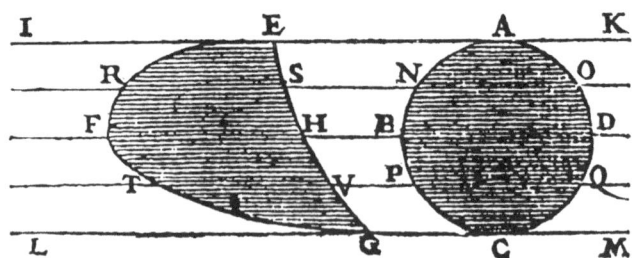

그림 7.4 카발리에리의 《여섯 가지 기하학 연습Exercitationes Geometricae Sex》(1647년)

다소 엉성하지만 비유하자면 52장으로 이루어진 카드 한 벌에서 몇몇 카드가 밖으로 삐져나오게 카드를 쌓아도 카드 한 벌 전체의 부피가 달라지지 않는 것과 같다.

카발리에리의 원리를 이용하면 이상하게 생긴 물체의 넓이나 부피를 훨씬 간단하게 생긴 물체의 넓이나 부피로 변환하여 구할 수 있다. 예를 들어 **그림 7.4**에서 왼쪽 도형의 넓이는 오른쪽 원의 넓이를 이용해 구할 수 있다.

이런 접근 방법을 보면, 카발리에리는 넓이를 무한히 많은 선으로 이루어졌다고 생각한 것처럼 보이기도 하지만, 한편으로는 무한대라는 문제를 슬쩍 비켜선 것처럼도 보인다.

나중에 옥스퍼드대학교 수학과 석좌교수였던 존 월리스$_{\text{John Wallis}}$는 무한대 기호인 ∞를 만들어 사용할 만큼 더욱 과감하고 적극적으로 무한대 개념을 사용했다. 월리스는 아래와 같이 π를 교묘한 무한곱으로 나타낼 만큼 천재적인 수학자였다.

$$\frac{\pi}{2} = \frac{2}{1} \times \frac{2}{3} \times \frac{4}{3} \times \frac{4}{5} \times \frac{6}{5} \times \frac{6}{7} \times \frac{8}{7} \times \frac{8}{9} \cdots \text{ (1655년에 발견)}$$

그러나 그의 결과물 가운데 일부는 완전히 잘못된 것도 있었다. 예를 들어 월리스는 **그림 7.5**의 논문 〈원뿔곡선에 대하여$_{\text{De Sectionibus Conicis}}$〉에서 높이가 무한히 작은 평행사변형의 높이를 1/∞로 나타냈다.

그림 7.5 존 월리스의 〈원뿔곡선에 대하여〉
(1656년)에서 무한대 기호 ∞가 처음 사용되었다.

심지어 다른 곳에서 그는 다음과 같이 쓰기도 했다.

$$\frac{1}{\infty} \times \infty = 1$$

그의 이런 생각은 오늘날 완전히 잘못된 것으로 밝혀졌는데, ∞은 무한대라는 개념을 나타낼 뿐 특정한 수가 아니기 때문이다.

심지어 그 당시에도 유클리드 기하학에 심취했던 철학자 토머스 홉스Thomas Hobbes는 월리스의 방법을 다음과 같은 말로 조롱했다.

"나는 세상이 생긴 이래 기하학에서 이런 말도 안 되는 결과물은 없었다고 믿는다."[1]

안전한 접근

그에 비해 곡선의 넓이를 구할 때, 곡선을 유한한 개수의 기본 도형들로 나누어 넓이의 근삿값을 구하고 기본 도형의 크기를 점차 줄이고 그 개수를 늘려가며 근삿값의 변화를 보는 것은 확실히 좀 더 안전한 방법이다.

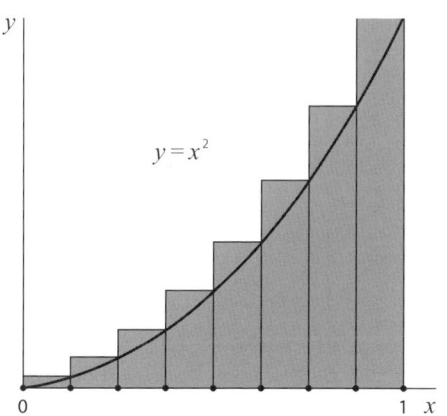

그림 7.6 직사각형을 이용하여 곡선의 넓이 근삿값 구하기

예를 들어 곡선 $y=x^2$에 대해 $x=0$과 $x=1$ 사이의 넓이를 구한다고 가정하자. 그러면 곡선 아래의 넓이는 **그림 7.6**에서 보듯 폭이 $1/N$인 직사각형 N개의 넓이를 더한 것의 근삿값이다. 이 근삿값은 아르키메데스 시절부터 이미 알려진 다음 공식을 적용하여 구할 수 있다.

$$1^2 + 2^2 + \cdots + N^2 = \frac{1}{6}N(N+1)(2N+1)$$

즉, **그림 7.6**에서 회색으로 칠한 직사각형의 넓이는

$$\frac{1}{N}\left(\frac{1}{N}\right)^2 + \frac{1}{N}\left(\frac{2}{N}\right)^2 + \frac{1}{N}\left(\frac{3}{N}\right)^2 + \cdots + \frac{1}{N}\left(\frac{N}{N}\right)^2$$

이고, 정리하면 다음과 같다.

$$\frac{1}{N^3}(1^2 + 2^2 + \cdots + N^2)$$

이제 이 식을 아르키메데스의 공식에 대입하면, 직사각형의 넓이는 다음과 같은 식이 된다.

$$\frac{1}{6}\left(1+\frac{1}{N}\right)\left(2+\frac{1}{N}\right)$$

이제 $N \to \infty$면, 직사각형의 개수가 점점 많아지면서 직사각형의

폭이 점점 작아지고, $1/N$은 0에 가까워진다. 이에 따라 곡선 아래 넓이의 근삿값은 곡선 아래의 실제 넓이인 1/3과 점점 비슷해진다.

1630년대 페르마를 포함한 여러 다른 수학자들은 이런 방법을 이용해 경계선이 곡선인 도형의 넓이를 구했다. 그리고 아직 설명하지 않았지만, 곡선인 도형의 넓이를 구하는 또 다른 방법도 있다.

8강

∫

미분에서 적분으로

"그의 이름은 뉴턴으로 우리 대학 연구원이다. 나이는 어리지만… 연구 능력이 매우 뛰어나고 천재적이다."

— 캠브리지대학교 트리니티컬리지의
아이작 배로Issac Barrow가 쓴 편지(1669년)

그림 8.1의 왼쪽 그래프에서 곡선 아래의 넓이 A를 구한다고 가정하자. 만약 x값이 변한다면 당연히 넓이 A도 함께 변한다. 뉴턴은 이런 사실을 **그림 8.1**의 오른쪽 식으로 보여주었다.

'미적분학의 기본정리'라 불리는 이 결과는 매우 중요하다. 여러분도 이미 잘 알고 있듯이, 미분은 적어도 기하학적으로는 곡선의 기울기를 구하는 일이다. 이제 반대로 미분을 되돌려 넓이

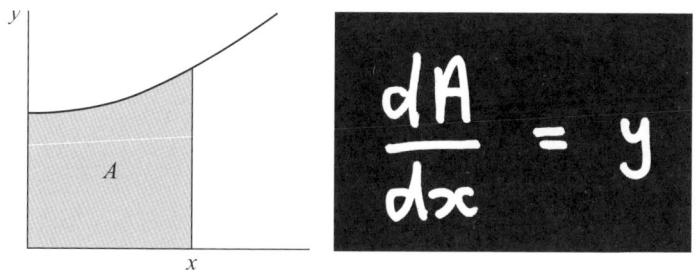

그림 8.1 미적분학의 기본정리

를 구하는 방법을 설명하려고 한다.

그림 8.1의 오른쪽 방정식에서 보듯 y는 x의 함수이고 이로부터 넓이 A를 구하고자 하므로, 이 과정을 미분되돌리기라고 말한다. 미분되돌리기를 뜻하는 수학 용어는 **적분**이다. 간단한 예를 통해 적분을 설명한다.

곡선 $y = x^2$ 아래의 면적

$y = x^2$인 곡선에서는 **그림 8.1**의 오른쪽 방정식에 따라 다음과 같은 식이 성립한다.

$$\frac{dA}{dx} = x^2$$

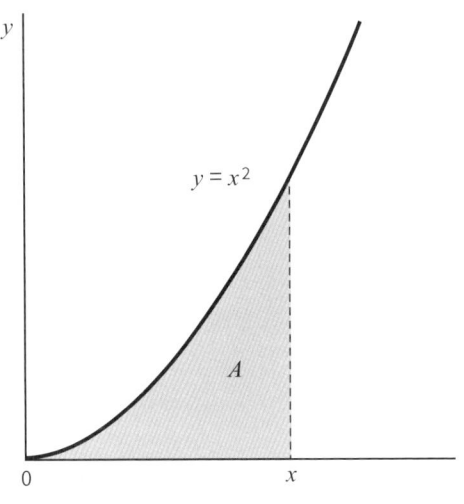

그림 8.2 곡선 $y=x^2$ 아래의 면적

이제 넓이 A를 구하려면 미분 결과가 x^2인 x의 함수가 무엇인지 생각해야 한다.

5강의 내용을 떠올려보면 x^3의 미분 결과는 $3x^2$이므로, 5강에서 설명했던 두 가지 미분 공식 중 두 번째 공식을 사용하면 $(1/3)x^3$이라는 함수의 미분 결과가 x^2이 된다.

적분 끝?

그렇지 않다. 여기서 실수하기 쉬운데, $(1/3)x^3$은 미분했을 때 x^2이 나오는 유일한 함수가 아니다. 상수를 미분하면 0이므로 $(1/3)x^3$에 임의의 상수를 더해도 미분 결과 dA/dx는 여전히 x^2이다. 그러므로 미분을 되돌려 얻은 A는 다음과 같다.

$$A = \frac{1}{3}x^3 + c \,(\text{상수})$$

위 식에서 c값은 얼마일까? **그림 8.2**에서 보면 $x=0$일 때 넓이 A는 0이다. 따라서 c값 또한 0이고, $A = (1/3)x^3$이다.

마지막으로 x에 1을 대입하면, $x=0$과 $x=1$ 사이에서 곡선 $y=x^2$ 아래의 면적 1/3을 구할 수 있다. 이것은 7강에서 얻었던 결과와 같다.

$\frac{dA}{dx} = y$의 증명

지금까지의 설명이 아직 이해되지 않는다면 **그림 8.1**로 되돌아가 x가 $x+\delta x$로 아주 조금 커졌다고 생각하자. 그러면 넓이 A도 아주 조금 늘어나는데, 늘어난 부분은 **그림 8.3a**에서 보듯 폭이 δx인 가늘고 긴 모양일 것이다.

간단히 생각하면 늘어난 부분의 넓이는 폭이 δx, 높이가 y인 길고 가느다란 사각형의 넓이와 거의 비슷하다. 그러므로 $\delta A = y\delta x$가 거의 성립한다. 따라서 $dA/dx = y$도 거의 성립한다고 적당히 말할 수 있다.

이런 논리는 1669년 뉴턴이 쓴 논문 〈무한급수에 의한 해석학에 관하여 De Analysi per Aequationes Nueri Therminorum Infinitas〉의 아이디

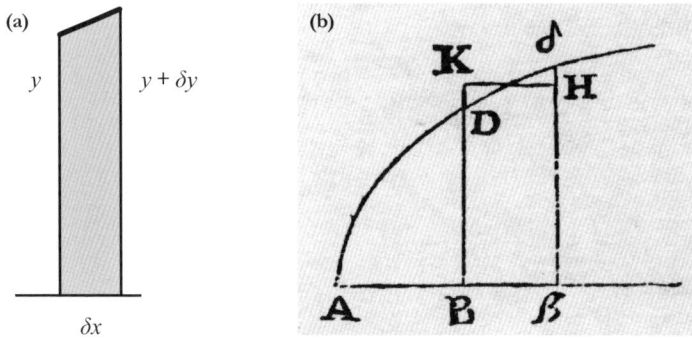

그림 8.3 (a) 변화량에 따른 넓이 (b) 뉴턴의 〈무한급수에 의한 해석학에 관하여〉(1669년 작, 1711년 발표)에서 발췌

어를 이용해 좀 더 날카롭고 분명하게 만들 수 있다(그림 8.3b).

당연하게도 당시 뉴턴의 논문에 사용된 기호는 지금과 상당히 다르다. 이 논문에서 A, D, δ는 곡선 위 점들을 나타내고, $B\beta$는 그림 8.3a의 δx에 대응한다. 뉴턴은 폭이 δx이고 높이가 y와 $y+\delta y$사이인 사각형 $B\beta HK$가 늘어난 넓이라고 생각했다.

이것을 이 책의 기호로 나타내면, dA/dx는 y와 $y+\delta y$사이에 있다. 그리고 δx가 0에 가까워지면($\delta x \to 0$), δy도 0에 가까워지므로 ($\delta y \to 0$), $dA/dx = y$를 얻을 수 있다.

토리첼리의 트럼펫

넓이를 구하는 것과 같은 추론으로 부피도 구할 수 있으며, 7강에 나왔던 원뿔과 구의 부피, 겉넓이 공식도 미적분학, 즉 적분을 통해 확실히 세울 수 있다.

그러나 이런 평범한 예를 설명하기보다는 좀 더 특이하고 흥미진진한 예를 살펴보려 한다.

1643년 갈릴레오의 제자인 수학자 에반젤리스타 토리첼리 Evangelista Torricelli는 부피는 유한하나 겉넓이는 무한한 3차원 물체를 고안해 세상을 놀라게 했다. 30년 뒤, 이 사실을 들은 토머스 홉스는 다음과 같은 글을 썼다.

"이 사실을 이해하기 위해 기하학이나 논리학을 잘 알 필요는 없다. 단지 제정신만 아니면 된다."[2]

그렇다면 토리첼리의 주장이 맞았을까? 아니면 틀렸을까?

우리는 미적분학을 통해 그것을 밝힐 수 있다.

그가 제시한 물체는 트럼펫 모양으로, 곡선 $y = 1/x$에서 x값이 1과 무한대 사이인 부분을 x축을 기준으로 회전시켜 얻을 수 있다(그림 8.4). 그러면 색칠한 부분($x=1$인 트럼펫의 끝부분에서부터)의 부피는 x값에 따라 달라지므로, x를 $x + \delta x$로 조금 증가시키면 부피 V는 반지름이 y이고 두께가 δx인, 얇고 둥근

디스크의 부피 δV 만큼 늘어난다. 둥근 디스크 한 면의 넓이는 πy^2 이므로 δV 는 거의 $\pi y^2 \delta x$ 라고 할 수 있다 ($\delta V = \pi y^2 \delta x$).

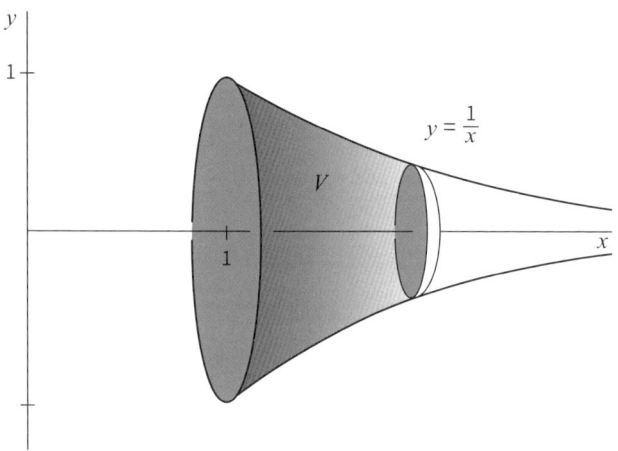

그림 8.4 토리첼리의 트럼펫

이런 방식으로 부피 V는 x 값에 따라 변하므로 V와 x의 관계는 다음과 같이 정리할 수 있다.

$$\frac{dV}{dx} = \pi y^2$$

이 방정식은 이번 수업 시작 부분에서 설명했던 미적분학의 기본정리인 $dA/dx = y$ 방정식의 3차원 버전이다.

한편, **그림 8.4** 토리첼리의 트럼펫에서 $y = 1/x$ 이다. 그러므로

$$\frac{dV}{dx} = \frac{\pi}{x^2}$$

이며, 5강에서 배웠던 미분을 떠올리면 이 방정식은 다음과 같이 미분되돌리기로 적분할 수 있다.

$$V = -\frac{\pi}{x} + c$$

이때, c는 상수다.

그런데 **그림 8.4**의 토리첼리의 트럼펫은 $x=1$에서 시작하므로, $x=1$에서 부피 V는 0이다.

또한, $x=1$일 때, $-\pi + c = 0$이므로 $c = \pi$이다.

따라서 부피 V는 다음과 같다.

$$V = \pi\left(1 - \frac{1}{x}\right)$$

이 방정식에서 x가 무한대로 증가하면, V는 크기가 유한한 π에 점점 가까워진다.

그렇다. 토리첼리가 맞았다!

넓이와 부피를 구하는 놀라운 방법들

미적분학을 공부하다 보면 넓이와 부피의 놀라운 예를 경험하게 된다. 물론 이런 예들이 항상 훌륭한 가치가 있는 것은 아닐지라도 말이다.

공 모양의 빵

공 모양의 빵을 **그림 8.5**와 같이 같은 두께로 잘랐다면, 바삭한 겉껍질이 가장 많은 조각은 어떤 조각일까?

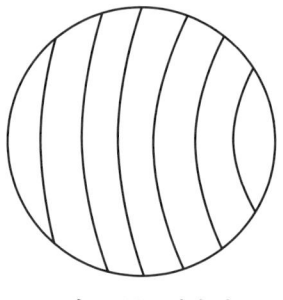

그림 8.5 공 모양의 빵

답은 놀랍게도 바삭한 부분(겉껍질)의 양은 모든 조각에서 똑같다는 것이다. 고대 그리스 수학자인 아르키메데스도 이 사실을 알고 있었다.

피자 정리

원 안에서 임의의 한 점 P를 고른 뒤, 점 P에서 서로 직각으로 만나도록 두 개의 직선을 그린다. 원 안에는 네 개의 직각이 생겼다. 이제 점 P를 지나며 네 개의 직각을 각각 반으로 나누도록 새로운 두 개의 직선을 그린다.

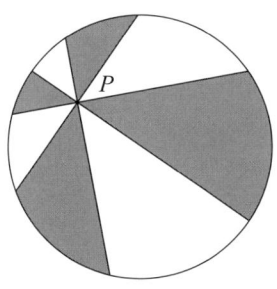

그림 8.6 피자 나누기

그림 8.6에서 보듯, 원은 여덟 조각으로 나뉘었으며, 색을 칠한 부분과 색을 칠하지 않은 부분의 넓이는 같다. 즉, 이 방법은 두 사람이 피자를 공평하게 나누어 먹을 수 있는 독특한 방법이다.

뻥 뚫린 지구

위에서 아래로 구의 중심을 관통하도록 원통 모양으로 구멍을 뚫되, 구멍의 깊이가 L이 되도록 뚫는다고 가정하자.

이때, 구에서 남은 부분의 부피는 얼마일까?

$$\frac{1}{6}\pi L^3 \text{(구의 크기는 상관없음)}$$

그러므로 사과 크기의 구가 있을 때, 구멍의 깊이가 6cm가 되도록 원통 모양의 구멍을 뚫는다면 부피 36πcm³만큼의 사과가 남는다.

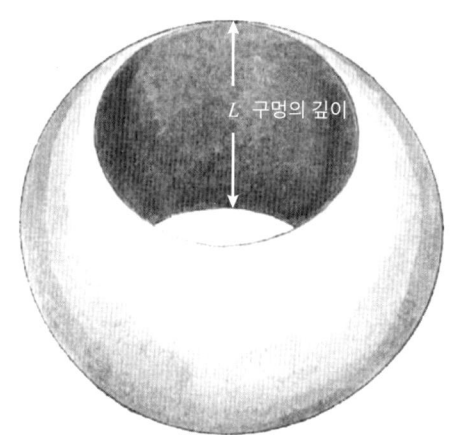

그림 8.7 구를 관통하는 구멍

또한 만약 지구 크기의 구가 있을 때, 깊이가 6cm가 되도록 원통 모양의 구멍을 뚫는다면 부피 36πcm³만큼의 지구가 남을 것이다.

아마도 처음에는 남은 부피 $36\pi\,\mathrm{cm}^3$가 너무 작아 믿기 힘들 것이다. 그러나 구멍을 뚫고 남은 지구가 적도를 중심으로 매우 얇은 링 모양이라는 것을 생각하면 어렴풋이나마 믿어질지도 모르겠다.

9강

∫

무한급수로 상자 쌓기

우리는 이미 무한히 많은 수를 더하더라도 아래와 같이 합은 유한할 수 있다는 것을 알고 있다.

$$\frac{1}{4}+\frac{1}{4^2}+\frac{1}{4^3}+ \cdots =\frac{1}{3}$$

그러나 이런 사실을 미적분학에도 적용하려면 범위를 좀 더 넓혀 각 항이 x의 함수인 경우를 생각해야 한다. 가장 간단한 예로 기하급수가 있다.

$$1+x+x^2+x^3+ \cdots =\frac{1}{1-x} \quad (-1 < x < 1)$$

이 기하급수는 쉽게 증명할 수 있다.

먼저 방정식의 좌변에서 처음 n개 항을 더한 결괏값을 S_n이라고 정의하고, S_n에 x를 곱하면 다음과 같다.

$$S_n = 1 + x + x^2 + \cdots + x^{n-1}$$
$$xS_n = x + x^2 + \cdots + x^n$$

이때 첫 번째 식에서 두 번째 식을 빼면 우변에 있던 많은 항이 사라지고 아래와 같이 정리된다.

$$(1-x)S_n = 1 - x^n$$

마지막으로 $n \to \infty$일 때 S_n의 극한을 구하면, x값의 범위가 $-1 < x < 1$이므로 x^n은 0에 가까워지고, S_n은 $1/(1-x)$에 가까워진다. 증명 끝!

방금 증명한 기하급수에서 $x = 1/4$인 경우를 가정해 계산하면, 무한급수의 합은 4/3이다.

$$1 + \frac{1}{4} + \frac{1}{4^2} + \frac{1}{4^3} + \cdots = \frac{4}{3}$$

그리고 좌변과 우변에서 각각 1을 빼면 다음과 같은 무한급수를 얻을 수 있다.

$$\frac{1}{4}+\frac{1}{16}+\frac{1}{64}+\cdots=\frac{1}{3}$$

참고로 3강의 **그림 3.4**에서는 이 무한급수의 합을 그림을 이용해 증명했다.

다음으로 $x = -1/2$인 경우를 가정해 계산하면 다음과 같이 +, - 부호가 번갈아 나오는 무한급수를 얻는다.

$$1-\frac{1}{2}+\frac{1}{4}-\frac{1}{8}+\cdots=\frac{2}{3}$$

위 식의 좌변에서 처음 n개 항을 더한 S_n은 **그림 9.1**에서 보듯 위아래로 진동하지만, 불과 여덟 번 정도만 더해도 2/3에 빠르게 수렴(아주 가까워진다는 수학 용어)한다. 위 무한급수는 단지 한

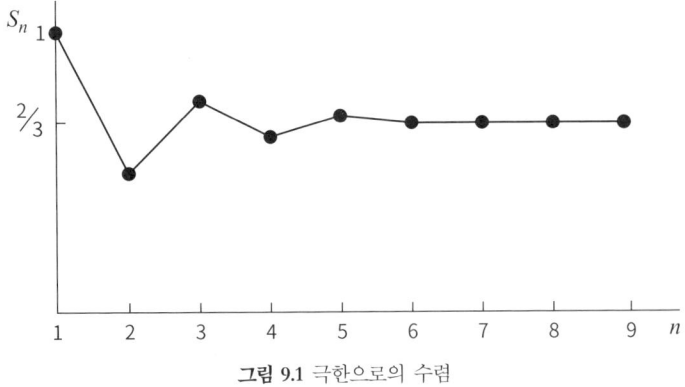

그림 9.1 극한으로의 수렴

가지 예일 뿐이며, $-1 < x < 1$인 x에 대해

$$1 + x + x^2 + x^3 + \cdots$$

은 $1/(1-x)$로 수렴한다.

여기서 한 가지 짚고 넘어갈 것이 있는데, 지금까지 설명한 무한급수에서는 x 값의 조건이 너무 명확해 오히려 오해를 불러일으킬 우려가 있다. 이 무한급수에서는 x 값의 범위가 $-1 < x < 1$이므로 무한급수의 각 항은 점점 커지지 않고 작아진다. 그러나 각 항이 점점 작아진다고 무한급수가 반드시 수렴하는 것은 아니다.

발산급수

예를 들어 아래와 같은 무한급수를 생각해보자.

$$1 + \frac{1}{2} + \frac{1}{3} + \frac{1}{4} + \frac{1}{5} + \cdots$$

이 무한급수에서는 각 항의 크기가 점점 작아지지만, 충분히 많은 개수의 항들을 더해 합을 계속 증가시킬 수 있으므로 무한급수의 값은 유한하지 않다.

이런 사실은 1350년 프랑스 학자 니콜 오렘Nicole Oresme이 증명했다. 그의 증명 방법은 절로 감탄이 나올 만큼 너무나도 간단했다. 오렘은 먼저 각 항을 나누어 묶음을 만들었는데, 이전 묶음보다 2배만큼 많은 항을 차례로 묶어 새로운 묶음을 만들었다.

$$\frac{1}{2}$$

$$\frac{1}{3}+\frac{1}{4}$$

$$\frac{1}{5}+\frac{1}{6}+\frac{1}{7}+\frac{1}{8}$$

$$\vdots$$

그다음 그는 1/3 + 1/4이 1/4 + 1/4 = 1/2보다 크고, 다음 그룹인 1/5 + 1/6 + 1/7 + 1/8이 1/8 + 1/8 + 1/8 + 1/8 = 1/2보다 크며, 그 다음 그룹은 8 × (1/16) = 1/2보다 크다는 사실에 주목했다. 이런 관계는 무한히 반복된다.

한편, 1/2 + 1/2 + 1/2 + … 은 유한한 값으로 수렴하지 않으므로 결국 무한급수 1 + 1/2 + 1/3 + 1/4 + 1/5 + … 도 역시 수렴하지 않는다.

이 예는 뒤에 나올 중요한 결과들과 함께 무한급수를 좀 더 잘 이해하는 데 유용하다.

나는 다소 실험적인 사례이기는 하지만 발산급수의 결과가 일상생활에서 실제 적용 가능하다는 것을 예를 들어 보여주며 이번 수업을 끝맺으려 한다.

얼마까지 상자를 쌓을 수 있을까?

그림 9.2와 같이 상자를 차례차례 테이블 위로 쌓아 올린다고 상상해보자. 상자 더미는 테이블 가장자리에 위태롭게 놓여 있다.

상자의 길이가 1이라고 가정했을 때, 상자가 중력에 의해 바닥으로 떨어지지 않고 탁자 밖으로 튀어나올 수 있는 길이인 '오버행'은 최대 얼마나 될까?

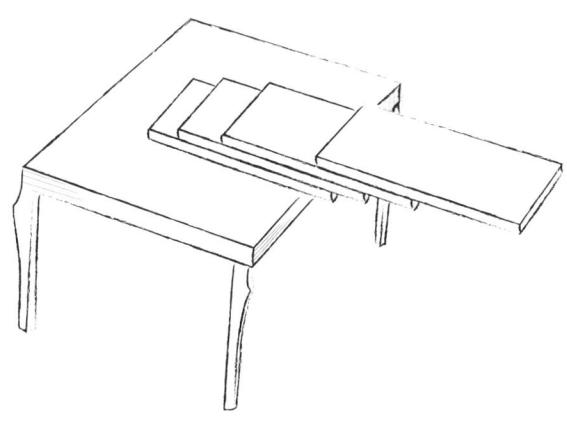

그림 9.2 네 개의 상자 쌓기

상자가 단 한 개만 있다면, 오버행은 최대 1/2이다. 그러나 상자를 네 개 쌓을 경우, 오버행은 최대

$$\frac{1}{2}\left(1 + \frac{1}{2} + \frac{1}{3} + \frac{1}{4}\right)$$

이며, 1보다 약간 크다. 그러므로 **그림 9.2**에서 보듯 맨 위에 있는 상자는 완전히 탁자 바깥쪽에 있다.

만약 오버행이 상자 두 개 길이인 2보다 크도록 상자를 쌓으려면 상자 서른한 개를 쌓으면 된다. 상자 서른한 개를 쌓으면

$$\frac{1}{2}\left(1 + \frac{1}{2} + \cdots + \frac{1}{31}\right) = 2.0136$$

으로 맨 위에 있는 상자의 오버행이 2보다 크다(**그림 9.3**).

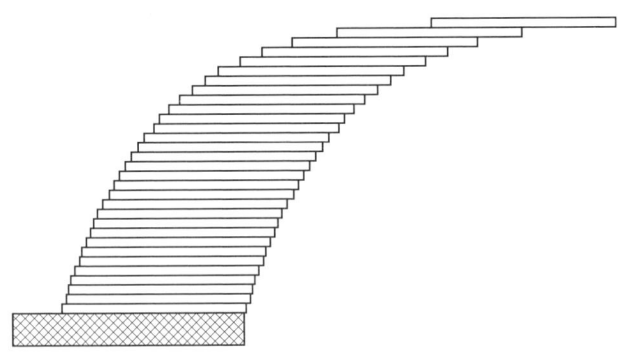

그림 9.3 상자 서른한 개를 쌓았을 때 오버행

이런 방식으로 계속 상자를 쌓으면, n개의 상자를 쌓았을 때 오버행의 최대 길이는 다음과 같다.

$$\frac{1}{2}\left(1+\frac{1}{2}+\cdots+\frac{1}{n}\right)$$

또한 이런 방식이면 놀랍게도 오버행의 길이를 원하는 만큼 길게 만들 수 있다. 물론 충분한 개수의 상자가 있다면 말이다. 그 이유는 다음 무한급수가 유한한 값으로 수렴하지 않고 무한히 발산하기 때문이다.

$$1+\frac{1}{2}+\frac{1}{3}+\frac{1}{4}+\cdots$$

그런데 한 가지 솔직히 말할 것이 있는데, 대도시 극장에서 진행된 수학 쇼에 참여해 수많은 피자 상자를 마주하기 전까지는 상자 쌓기 무한급수의 발산속도가 얼마나 느린지 깨닫지 못했다. 쇼가 시작되기 전 모델 머리 위에 얼마나 높게 피자 상자를 쌓아야 무대를 가로지를 수 있는지 흥미 삼아 계산해보았다. 계산 결과는 충격적이게도 무려 5.8광년이었다.

10강

∫

무한급수로 적분하기

미분되돌리기 즉, 적분은 많은 생각과 기발한 방법이 필요할 만큼 어려운 경우가 종종 있다. 이렇게 어려운 적분 문제를 푸는 데에는 무한급수가 많은 도움을 준다. 무한급수를 사용해 적분 문제를 어떻게 푸는지 알아보기 위해 **그림 10.1**의 곡선에서 0과 x 사이 곡선 아래의 넓이를 뉴턴의 방법으로 구해보자.

우리는 곡선의 넓이를 다음과 같이 쓸 수 있다. 그런데 도대체 어떤 함수를 미분해야 $1/(1+x)$이 될까? 5강에서 몇 가지 간단한 미분 방법을 배운 실력으로는 솔직히 상상조차 할 수 없다.

$$\frac{dA}{dx} = \frac{1}{1+x}$$

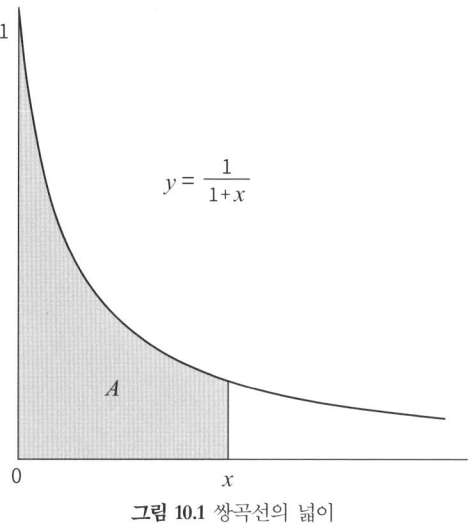

그림 10.1 쌍곡선의 넓이

그러나 아직 포기하기에는 이르다. 함수 $1/(1+x)$을 다음과 같이 무한급수로 바꿔 쓰면 조금 희망이 보인다.

$$\frac{1}{1+x} = 1 - x + x^2 - x^3 + \cdots \quad (-1 < x < 1)$$

위 무한급수는 약간 다르게 보이기는 해도 부호만 바뀌었을 뿐 수학적으로는 9강의 처음에 나왔던 기하급수와 같다. 예를 들어 앞 무한급수의 x에 $1/2$을 대입하면, 9강 무한급수의 x에 $-1/2$을 대입한 것과 같은 결과가 나온다.

$1/(1+x)$보다는 x의 거듭제곱 형태가 적분하기가 훨씬 쉽다. 5강에서 배운 간단한 미분 방법들을 사용하면 다음과 같은 표를

만들 수 있다.

y	dy/dx
x	1
x^2	$2x$
x^3	$3x^2$
x^4	$4x^3$
⋮	

위 표에서 보듯 x를 적분하면 $x^2/2$, x^2을 적분하면 $x^3/3$을 얻을 수 있다. 물론 모두 뒤에 상수를 더해야 한다.

이제 $1/(1+x)$ 대신 무한급수를 적분해 곡선 아래 면적을 구할 수 있다.

$$\frac{dA}{dx} = 1 - x + x^2 - x^3 + \cdots$$

앞 식에서 우변을 항별로 적분하고, $x=0$일 때 $A=0$(**그림 10.1**)을 적용하면 다음과 같은 적분 결과를 얻을 수 있다.

$$A = x - \frac{x^2}{2} + \frac{x^3}{3} - \frac{x^4}{4} + \cdots \quad (0 < x < 1)$$

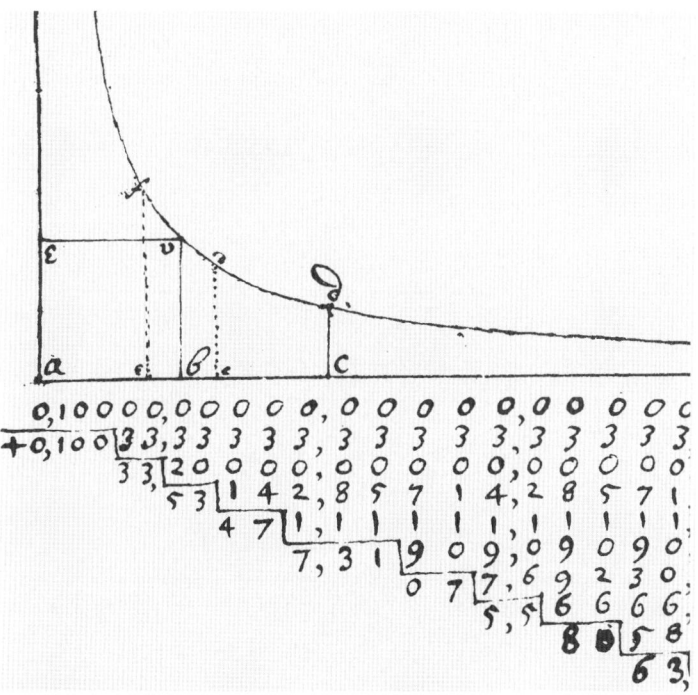

그림 10.2 쌍곡선 $y = a^2/(a+x)$의 넓이에 관한 뉴턴의 초기 원고(1665년)

이론적으로는 무한급수에서 우변의 항의 개수를 충분히 늘리는 방식으로 A를 원하는 만큼 정확하게 계산할 수 있다. 특히 x값이 매우 작으면 각 항의 값들이 매우 빨리 작아진다.

아이작 뉴턴의 초기 원고 가운데 일부인 **그림 10.2**를 보면 그도 같은 생각을 했다는 것을 알 수 있다. 실제로 뉴턴은 $x=0$과 $x=0.1$ 사이의 넓이를 아주 정확하게 구하려고 했다.

다음은 그가 쓴 글이다.

> "흑사병이 유행해 캠브리지를 떠나 링컨셔에 머물던 1665년 여름 어느 날, 나는 쌍곡선 아래의 넓이를 무려 250자리까지 계산했다."

정확히 말해, 뉴턴이 흥분했던 진짜 이유는 이런 계산을 할 수 있는 일반적인 방법을 발견했다는 사실에 있다. 이는 뒤에서 살펴볼 것이다.

물론 기쁘기도 하고 자랑스러운 일이기도 했겠지만, 몇 년이 지난 뒤 그는 다음과 같은 글을 다시 썼다.

> "당시 나는 특별한 직업도 없었으면서 이런 계산을 했다고 이곳저곳에서 떠들고 다닌 것을 생각하면 너무 부끄럽다. 당시 나는 이런 계산법을 생각해낸 것에 대해 너무 기쁜 나머지…."

11강

∫

미적분과 역학의 관계

이제 역학이라고 불리는 미적분학의 핵심 주제를 살펴볼 차례다. 먼저 1강에서 소개했던 떨어지는 사과 이야기를 다시 살펴보자.

1강에서 사과가 떨어진 거리 s는 사과가 떨어지는 데 걸린 시간 t의 제곱에 비례한다는 것을 확인하였는데, 이는 **그림 11.1**의 방정식으로 표현할 수 있다.

그림 11.1의 식에서는 상수 g가 특별히 중요한데, 미적분학을 사용하면 상수 g가 무엇을 나타내는지 쉽게 알 수 있다.

먼저 사과가 땅에 떨어지는 속도 v는 간단히 말해 사과가 떨어진 거리 s가 시간에 따라 늘어나는 비율이다. 따라서 $v = ds/dt$이고, t^2을 미분하면 $2t$이므로 속도 v는 다음과 같다.

$$v = \frac{ds}{dt} = gt$$

그런데 우리 수업의 앞부분에서 사과가 떨어지는 속도는 시간에 비례해 증가한다. 게다가 가속도는 시간에 따라 속도가 변하는 비율이므로 다음과 같다.

$$\frac{dv}{dt} = g$$

즉, 상수 g는 중력에 의한 가속도를 나타내며, 값은 약 9.81m/s^2이다.

그림 11.1 뉴턴의 떨어지는 사과

속도와 속력의 차이

좀 더 깊이 있는 주제로 들어가기 전에 수학과 과학 모두에서 다루는 속력과 속도의 차이를 알아보자.

속력은 언제나 양수로 크기를 나타낸다. 반면 속도는 벡터로 언제나 크기와 방향을 함께 나타낸다. **그림 11.2**에 그려진 두 화살표가 어떤 물체의 움직임을 나타낸 것이라면, 길이는 같으나 방향은 다르므로 속력은 같지만, 속도는 다르다.

그림 11.2 서로 다른 두 개의 속도

이 속력과 속도의 차이는 가속도를 설명할 때 한층 더 중요해진다. 차를 운전하여 여행을 갈 때, 가속도라는 것은 운동 속력의 변화 비율이라고 생각하며 운동 방향 변화는 잘 생각하지 않는다. 사실 일상생활에서는 그렇게 생각해도 특별한 문제가 없다. 그러나 수학 혹은 과학의 관점에서는 가속도의 방향을 생각하지 않는다면 그것은 옳지 않은 것이다. 즉, 가속도는 속력 변화의 비율이 아니라 속도 변화의 비율이다. 그러므로 물체가 일정한 속력으로 움직이더라도 움직이는 방향이 변한다면 가속도는

0이 아니다. 속도와 마찬가지로 가속도도 크기와 방향을 가진 벡터다.

힘과 가속도

역학에서 가속도가 중요한 이유는 일정한 질량의 물체에 대해 다음과 같은 식이 성립하기 때문이다.

$$힘 = 질량 \times 가속도$$

그림 11.3 중력을 넘어서

다른 용어를 사용해 설명하기는 했지만, 역학의 근본 법칙을 표현한 이 공식은 뉴턴이 발견했다.

그림 11.3은 빠르게 회전하는 거대한 통 속의 사람들 모습을 보여준다. 이 장치는 1950년대 어느 유원지에 있었던 장치이다. 그림의 사람들은 중력보다 큰 벽과의 마찰력 덕분에 아래로 떨어지지 않고 있다. 이는 통이 회전운동을 하면서 각각 질량이 m인 사람들에게 큰 힘을 가했기 때문이다. 처음 보면 다소 이상해 보일 수도 있겠지만 이런 힘이 생긴 이유는 그림의 사람이나 물체가 원의 중심을 향해 계속해서 가속되기 때문이다.

원운동

어떤 물체가 반지름 r인 원의 둘레를 따라 일정한 속도 v로 움직일 때, 원의 중심을 향한 구심가속도는 v^2/r이다(그림 11.4).

미적분학과 비슷한 접근을 하면 구심가속도의 크기가 v^2/r이라는 것을 증명할 수 있다. 우선 매우 짧은 시간 동안 움직이는 물체가 있다고 가정하자.

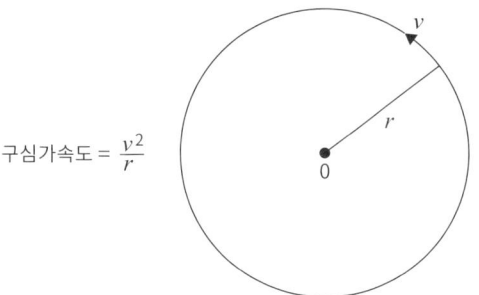

그림 11.4 원운동에서 발생하는 구심가속도

이 물체는 어느 순간 한 점 P에 있다(그림 11.5). 만약 속도가 변하지 않는다면, 물체는 점 P의 접선을 따라 일정한 방향과 일정한 속력으로 움직일 것이고, 짧은 시간 t만큼 지난 뒤에는 P에서 vt만큼 떨어진 다른 한 점 R에 있을 것이다.

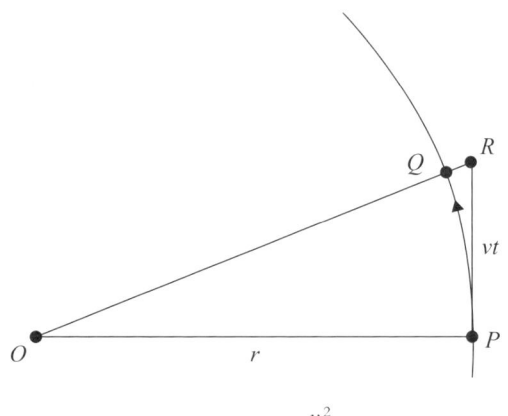

그림 11.5 구심가속도 $=\dfrac{v^2}{r}$의 증명

이제 직선 OR이 원과 만나는 점을 Q라 하자. 물체가 움직인 시간 t는 매우 작으므로 vt는 r보다 훨씬 작다. 또한 두 점 Q와 R 역시 P와 매우 가깝다. 이 경우, PQ와 PR의 길이는 거의 같으므로 원의 둘레를 따라 속도 v로 움직이는 물체는 시간 t 동안 움직인 뒤 점 Q와 매우 가까이 있을 것이다.

QR은 반지름 r에 비해 매우 작으므로 2강 맨 마지막에 나온 공식($R \approx D^2/2H$)을 적용해 $QR = (vt)^2/2r$을 얻을 수 있다. 이 식을 약간 다르게 쓰면 아래와 같다.

$$QR = \frac{1}{2}\left(\frac{v^2}{r}\right)t^2$$

바로 눈치챘겠지만 위 식은 **그림 11.1**에 나왔던 공식 $1/2 gt^2$과 상수 g만 다를 뿐 같은 공식이다. 즉, 원운동에서 회전하는 물체가 R에서 Q로 O를 향해 떨어졌으므로 v^2/r은 가속도를 나타낸다.

12강

∫

뉴턴과 프린키피아

"저기 걸어가는 교수님께서는 자신도, 독자도, 아니 이 세상 누구도 이해하지 못하는 책을 쓰셨지."

— 뉴턴의 《프린키피아》 출간 후 캠브리지대학교의 한 학생이 한 말(1687년)

행성 운동 연구는 과학의 역사에서 가장 위대한 발견 가운데 하나로 손꼽힌다. 크게 드러나지는 않았지만, 미적분학 또한 이 연구에 중요한 역할을 했다. 행성 운동에 관한 연구는 타원에 관한 연구가 시작된 고대 그리스까지 거슬러 올라간다.

타원을 그리려면 **그림 12.1**에서 보듯, 먼저 두 점 H와 I를 정해 고정하고 끈의 양쪽 끝을 두 점에 각각 연결한다. 그리고 끈을 팽팽하게 잡아당겨 한 점 E를 표시한 후, 끈을 팽팽하게 유지한 채 E를 움직여 H와 I를 둥글게 감싸는 곡선을 그리면 타원을 그릴 수 있다. 이때 H와 I는 타원의 초점이라 부른다. 만약 H와 I에 연결된 줄이 매우 길면, 타원은 거의 원 모양일 것이다. 반대로 매우 짧다면 타원은 매우 편평한 모양일 것이다.

행성 운동을 이야기하다가 난데없이 타원을 설명해 다소 어리둥절할지도 모르겠다. 이야기를 계속 이어가보자.

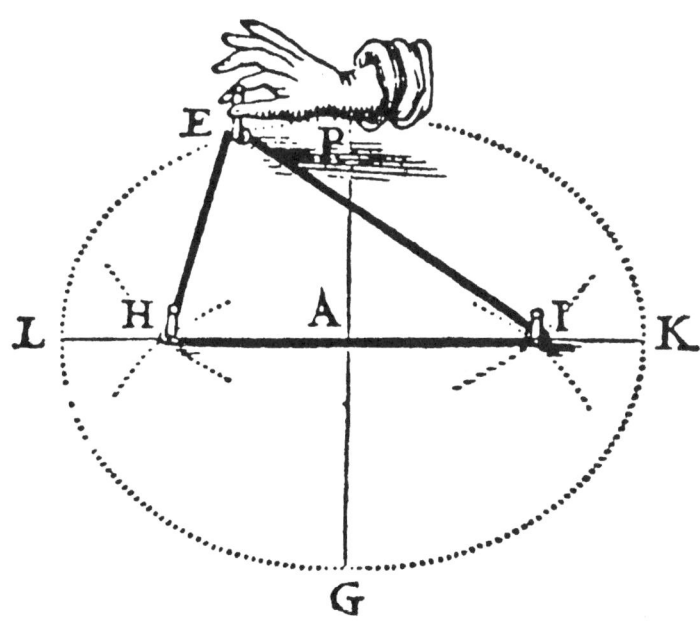

그림 12.1 프란스 판스혼턴Frans van Schooten의
《수학연습Exercitationum Mathematicorum》(1657년)에서 발췌한 타원

케플러의 법칙

1609년 요하네스 케플러는 상상을 초월한 끈질긴 노력 끝에 기존의 행성 관측 자료를 분석해 다음과 같은 법칙을 발표했다.

1. **케플러 제1법칙:** 행성은 태양의 위치를 한 초점으로 하는 타원 모양의 궤도를 따라 움직인다.
2. **케플러 제2법칙:** 태양과 행성을 이은 선이 행성의 움직임에 따라 같은 시간 동안 지나간 면적은 항상 일정하다.

여기서 제1법칙은 행성이 움직이는 궤도의 모양을 설명한다.

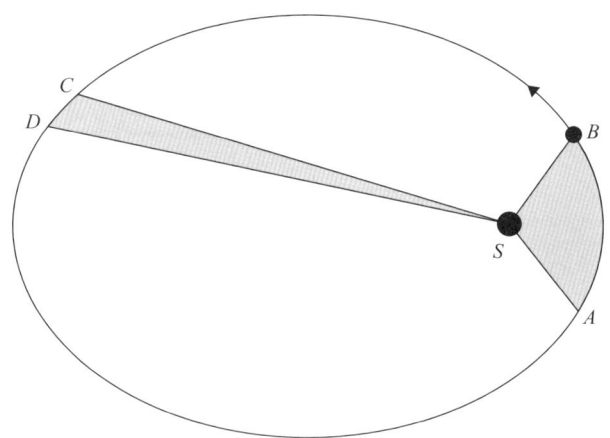

그림 12.2 케플러의 제2법칙(면적 - 속도 일정의 법칙)

그리고 제2법칙은 궤도를 따라 움직이는 행성의 속력 변화에 관한 것으로 행성이 태양과 가까워지면 빠르게 움직이고, 멀어지면 느리게 움직이면서 같은 시간 동안 지나간 면적이 일정하도록 행성 운동을 한다고 설명한다.

케플러 시대에 알려진 여섯 개 행성의 궤도 데이터

	$\bar{r}$: 지구의 타원 궤도 반지름($\bar{r}_{Earth}$)에 대한 비율	T (공전 주기)
수성	0.387	0.241
금성	0.723	0.615
지구	1.000	1.000
화성	1.524	1.881
목성	5.203	11.862
토성	9.539	29.46

두 법칙을 발표하고 몇 년이 지난 1619년, 케플러는 제3법칙을 추가로 발표했다.

3. 케플러 제3법칙: 서로 다른 행성의 공전 주기 T와 행성 궤도의 긴 반지름 길이 $\bar{r}$은 다음과 같이 서로 비례한다.

$$T^2 은 \bar{r}^3 에 비례한다.$$

과학의 역사에서 케플러의 법칙이 대표적인 발견이기는 하지만, 뉴턴이 이를 증명하기까지 과학자들은 이 법칙을 의심의 눈으로 바라보았다. 특히 제2법칙(면적-속도 일정의 법칙)을 매우 의심스러워했다.

이에 반해 T^2은 r^3에 비례한다는 제3법칙은 좀 더 많은 과학자가 믿었으며, 훗날 행성 운동의 중력 이론을 이끌어내는 데 중요한 역할을 했다.

중력의 역제곱 법칙에 대한 논란

중력의 역제곱 법칙(어떤 힘의 크기가 거리의 제곱에 반비례한다는 법칙)에 관한 논란을 설명하면 다음과 같다.

행성 궤도는 아주 약간의 타원형이다. 따라서 궤도를 원 궤도로 근사할 수 있고, 케플러의 세 번째 법칙을 이용해 행성의 속력 v와 그에 따른 가속도 v^2/r이 반지름 r과 어떤 관계가 있는지 구할 수 있다.

또한 행성의 공전 주기는 궤도의 길이를 속력으로 나누어 얻을 수 있으므로($T=2\pi r/v$), 케플러 제3법칙은 r^2/v^2이 r^3에 비례한다는 의미이다.

따라서 v^2은 $1/r$에 비례하며, 원의 중심 O를 향한 구심가속도 v^2/r은 $1/r^2$에 비례한다.

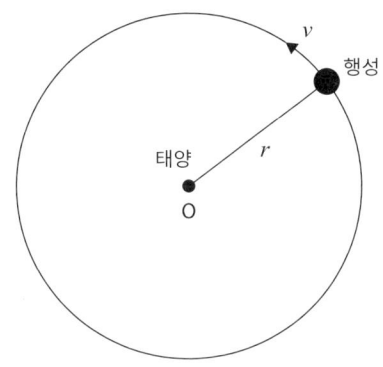

그림 12.3 행성 궤도를 원 모양으로 근사한 그림

가속도는 힘을 가했을 때 생긴다($F=ma$). 즉, 힘은 가속도와 비례($F \propto a$)하므로 행성을 태양으로 끌어당기는 힘 또한 구심가속도에 비례하고 $1/r^2$에 비례한다.

1660년대 후반 뉴턴을 포함한 몇몇 과학자가 이런 방식의 계산을 생각하기는 했으나, 두 가지 이유로 확신하지는 못했다.

첫째 당시에는 힘과 가속도 사이의 관계가 아직 확실하지 않았다.

둘째 뉴턴은 11강에서 설명했던 것과 비슷한 방법으로 구심가속도의 크기 v^2/r을 알아냈지만, 구심가속도를 발생시킨 힘을 '중심으로부터의 어떤 작용' 정도로 말했을 뿐 명확히 설명하지 못했다. 그리고 사실 두 가지 이유보다 더 중요한 이유가 있었는데, 그것은 바로 행성 궤도가 원이 아니라 타원이라는 사실이었다.

증명을 위해 미적분을 이용한 뉴턴

10년이 지난 1679년, 뉴턴은 로버트 후크Robert Hooke가 보낸 편지에 일부 영향을 받아 다시금 이 문제를 해결하려 했다.

그는 행성 P가 점 S를 향해 일정한 힘을 받고 있다면 선분 SP가 같은 시간 동안 같은 면적을 지나간다는 것을 증명했다. 이 결과는 행성 궤도의 모양과 상관없이 성립했으므로 연구에 진정 중요한 돌파구가 되었다. 각 행성에 미치는 중력이 항상 태양을 향한다고 가정하면, 케플러의 제2법칙이 사실이라고 설명할 수 있었기 때문이었다. 그러나 이 돌파구만으로는 여전히 힘의 크기나 힘과 r 사이의 관계를 알 수 없었다. 훗날 뉴턴이 타원 궤도에서 행성(P)이 태양(S)을 향해 받는 힘은 $1/r^2$에 비례한다는 사실을 증명한 뒤에야 힘과 r 사이의 관계가 정리되었다.

지금까지 이 수업을 함께 한 사람이라면, 뉴턴이 어떤 방법으로 그것을 증명했는지 또는 그것이 미적분학과 어떤 관련이 있는지가 가장 궁금할 것이다. **그림 12.4**의 뉴턴의 원고를 보면 처음에는 뉴턴이 기하학적인 방법을 사용한 것처럼 보이지만, 실제로는 그렇지 않다.

맨 처음 점 P에 있던 행성은 점 Q로 이동한다. 이때, 뉴턴은 Q를 점점 더 P와 가깝게 놓았다. 바꿔 말해, 행성이 P에서 Q로 이동하는데 걸린 시간을 δt라고 가정하면, 뉴턴은 δt가 0에 가까워진다고 가정했다($\delta t \to 0$).

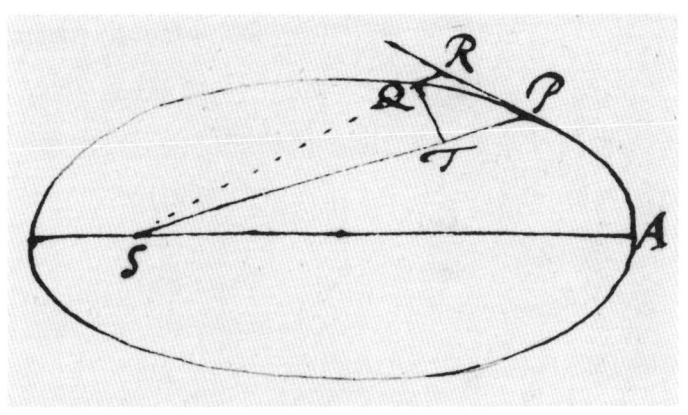

그림 12.4 뉴턴의 미발표 원고 《물체의 궤도 운동에 관하여 De Motu corporum in gyrum》(1684년)에서 가져온 행성 운동에 대한 스케치. S는 태양을 나타낸다.

즉, 뉴턴은 극한을 가정하는 미적분학의 핵심 아이디어를 증명 과정에서 매우 중요하게 사용했다.

참고로 오늘날에는 다른 방법을 이용해 이것을 증명한다.

뉴턴은 늘 그래왔듯이 이 모든 연구를 개인적으로 거의 남몰래 했다. 덕분에 아무도 이런 연구 결과를 알지 못했다.

핼리가 뉴턴을 방문하다

1684년 8월 어느 날 천문학자인 에드먼드 핼리 Edmund Halley가 케임브리지의 뉴턴을 방문했다. 이것은 이미 잘 알려진 역사적 사건이다.

그 당시 중력이 $1/r^2$에 비례한다는 중력의 역제곱 법칙은 런던의 수학자와 과학자에게는 여전히 차를 마시며 논쟁하는 단골 주제였다. 핼리 박사는 문득 뉴턴의 생각이 궁금해서 그를 방문했다. 핼리 박사의 지인 가운데 한 명이 둘 사이의 만남을 다음과 같이 기록했다.

"핼리 박사는 뉴턴과 이런저런 이야기를 나누며 함께 시간을 보냈다. 그러던 중 핼리 박사는 태양까지의 거리 r의 제곱에 반비례하는 힘이 태양을 향하여 작용한다고 가정했을 때 행성 궤도 모양이 어떤 모양이라고 생각하는지 뉴턴에게 물었다. 뉴턴은 곧바로 타원 모양이라 답했고, 핼리 박사는 기쁨과 놀라움 속에 뉴턴이 그것을 어떻게 알았는지 물었다. 그러자 뉴턴은 자신이 직접 계산했다고 답했다."

뉴턴은 실제 계산이 적힌 원고를 찾아 핼리 박사에게 보여주려 했으나 찾지 못했고, 핼리 박사에게 최대한 빨리 보내주겠다고 약속했다. 핼리 박사는 물론 기쁨에 들뜬 마음으로 마차를 타고 런던에 돌아왔다. 그는 아마도 자신의 방문이 결국 역학을 다룬 명저인 《프린키피아Principia》(1687년)를 쓰도록 뉴턴을 독려하게 될 줄은 몰랐을 것이다. 또한 그는 뉴턴이 역학에서 사용한 아이디어가 라이프니츠의 논문을 통해 오늘날의 미적분학 형태로 처음 등장할 것이라는 사실도 상상하지 못했을 것이다.

13강

∫

라이프니츠가 선수를 치다

라이프니츠가 1684년에 발표한 논문은 수학의 역사에 한 획을 그을만한 논문이었지만, 오늘날의 기준으로 보면 고개를 갸우뚱하게 만드는 면이 있다. 그는 논문에서 여러 미분 공식을 발표하였지만, 공식의 의미나 근거에 대해서는 사실상 거의 설명하지 않았기 때문이다.

논문에 실린 첫 번째 미분 공식은 합의 미분으로 다음과 같이 두 함수의 합을 미분하는 공식이다.

$$\frac{d}{dx}(u+v) = \frac{du}{dx} + \frac{dv}{dx}$$

합의 미분은 직관적이고 당연해 보이지만 사실 매우 중요한 공

1684년에 쓴 라이프니츠의 논문

> # MENSIS OCTOBRIS A. MDCLXXXIV. 467
> ## NOVA METHODVS PRO MAXIMIS ET MI-
> *nimis, itemque tangentibus, quæ nec fractas, nec irrationales quantitates moratur, & singulare pro illis calculi genus, per G.G.L.*
>
> Sit axis AX, & curvæ plures, ut VV, WW, YY, ZZ, quarum ordinatæ, ad axem normales, VX, WX, YX, ZX, quæ vocentur respective, v, vv, y, z; & ipsa AX abscissa ab axe, vocetur x. Tangentes sint VB, WC, YD, ZE axi occurrentes respective in punctis B, C, D, E. Jam recta aliqua pro arbitrio assumta vocetur dx, & recta quæ sit ad dx, ut v (vel vv, vel y, vel z) est ad VB (vel WC, vel YD, vel ZE) vocetur dv (vel d vv, vel dy vel dz) sive differentia ipsarum v (vel ipsarum vv, aut y, aut z) His positis calculi regulæ erunt tales:
>
> Sit a quantitas data constans, erit da æqualis 0, & d $\overline{ax}$ erit æqua dx: si fit y æqu. v (seu ordinata quævis curvæ YY, æqualis cuivis ordinatæ respondenti curvæ VV) erit dy æqu. dv. Jam *Additio & Subtractio:* si sit z -y $+$ vv $+$ x æqu. v, erit dz--y $+$ vv $+$ x seu dv, æqu. dz -dy $+$ dvv $+$ dx. *Multiplicatio,* $\overline{dxv}$ æqu. x dv $+$ v dx, seu posito y æqu. xv, fiet dy æqu. x dv $+$ v dx. In arbitrio enim est vel formulam, ut xv, vel compendio pro ea literam, ut y, adhibere. Notandum & x & dx eodem modo in hoc calculo tractari, ut y & dy, vel aliam literam indeterminatam cum sua differentiali. Notandum etiam non dari semper regressum a differentiali Æquatione, nisi cum quadam cautione, de quo alibi. Porro *Divisio,* d— $\frac{v}{y}$ vel (posito z æqu. $\frac{v}{y}$) dz æqu.
>
> $+v$dy $+$ yd$v$

그림 13.1 〈학술기요 Acta Eruditorum〉에서 발췌한 미적분학에 대한 라이프니츠의 첫 논문(1684년)

식으로 이 수업에서도 이미 여러 차례 사용됐다. 이런 등가 규칙은 두 함수의 차에도 똑같이 적용할 수 있다. 또한 라이프니츠는 논문에서 두 함수의 곱을 미분하는 공식도 제시했다. 두 함수의 합이나 차를 미분하는 것은 직관적인 데 반해, 두 함수의 곱을 미분하는 것은 직관적이지 않다. 라이프니츠의 초기 원고를 보면 그조차 두 함수의 곱을 잘못 미분했다는 것을 알 수 있다.

곱의 미분

그림 13.2는 두 함수의 곱을 미분하는 공식으로 우리는 이 방정식을 5강에서 사용했던 방법으로 증명할 수 있다.

x가 $x+\delta x$로 증가하고, 이로 인해 x의 함수 u와 v도 각각 δu, δv만큼 증가한다고 가정하자. 그러면 두 함수의 곱 uv는 $(u+\delta u)(v+\delta v)-uv$만큼 증가한다. 즉, $\delta(uv)$는 $u\delta v + v\delta u + \delta u \delta v$이다.

$$\frac{d}{dx}(uv) = u\frac{dv}{dx} + v\frac{du}{dx}$$

그림 13.2 곱의 미분

여기서 증가한 $u\delta v + v\delta u + \delta u \delta v$을 δx로 나누면 다음과 같다.

$$\frac{\delta(uv)}{\delta x} = u\frac{\delta v}{\delta x} + v\frac{\delta u}{\delta x} + \frac{\delta u}{\delta x} \times \delta v$$

위 식에서 $\delta x \rightarrow 0$이라고 하면, $\delta u \rightarrow 0$, $\delta v \rightarrow 0$이다. 5강에서 살펴본 미분의 정의에 따라 δv가 0에 가까워지므로 마지막 항은 0으로 수렴한다. 따라서 두 함수의 곱을 미분하면 **그림 13.2**와 같은 결과가 된다.

이때, u와 v를 양수로 가정하면 uv를 사각형의 넓이로 생각할 수 있고, 곱의 미분 공식을 기하학적인 관점으로 이해할 수 있다(**그림** 13.3).

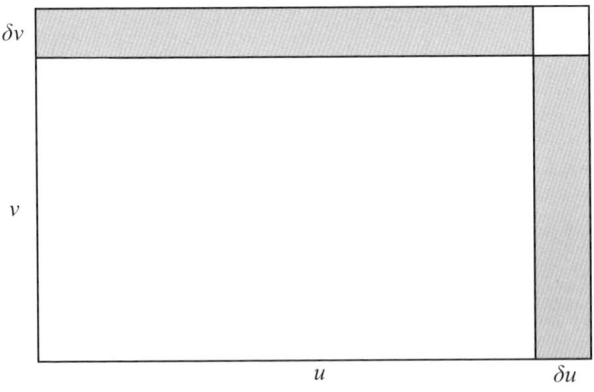

그림 13.3 넓이가 조금 증가한 사각형

비의 미분

두 함수의 비$_{\text{ratio}}$를 미분하는 공식은 지금까지와 비슷한 방법을 사용해 손쉽게 유도할 수 있다.

x가 $x+\delta x$로 증가하고, 이로 인해 x의 함수 u와 v도 각각 $\delta u, \delta v$만큼 증가한다고 가정하면, u/v의 증가분 $\delta(u/v)$는 다음과 같다.

$$\frac{u+\delta u}{v+\delta v} - \frac{u}{v} = \frac{v\delta u - u\delta v}{(v+\delta v)v}$$

이제 $\delta(u/v)$를 δx로 나누고 $\delta x \to 0$이라고 하면, $\delta u \to 0$, $\delta v \to 0$이므로 밑변의 δv가 0으로 수렴되고, **그림 13.4**와 같은 결과를 얻는다.

$$\frac{d}{dx}\left(\frac{u}{v}\right) = \frac{v\frac{du}{dx} - u\frac{dv}{dx}}{v^2}$$

그림 13.4 비의 미분

비의 미분 공식은 1684년 라이프니츠의 논문에 실린 마지막 공식이다. 17강에서는 비의 미분 공식을 이용해 가장 위대한 수학 공식 가운데 하나를 증명할 것이다.

x^n의 미분

앞의 5강에서 이미 n이 양의 정수일 때 x^n을 미분하는 공식을 다음과 같이 제시했다.

$$\frac{d}{dx}(x^n) = nx^{n-1}$$

이 미분 공식은 라이프니츠의 곱의 미분 공식을 이용해 다음과 같이 증명할 수 있다.

우선 4강에서 이미 구해 알고 있는 x^2의 미분 결과로 시작해 보자.

$$\frac{d}{dx}(x^2) = 2x$$

위 식을 조금 변형하면, x^3을 x^2과 x의 곱($x^3 = x^2 \cdot x$)을 미분하는 방식으로 미분할 수 있다. 즉, 곱의 미분 공식을 사용해 x^3을 미분하면 다음과 같다.

$$\frac{d}{dx}(x^3) = 2x(x) + x^2(1)$$
$$= 3x^2$$

이제 x^3의 미분 결과를 사용해 x^4를 x^3과 x의 곱($x^4 = x^3 \cdot x$)으로 변형하여 미분하면 $4x^3$을 얻을 수 있다. 또한 n을 증가시켜 가며 같은 방법을 사용해 미분하면 5강에서 설명했던 미분 공식이 확실해진다.

사실 x^n의 미분 공식은 더욱 일반화될 수 있다. 라이프니츠는 1684년 그의 논문에서 x^n의 미분 결과는 n이 소수 혹은 음수일 때도 여전히 nx^{n-1}이라는 것을 증명했다.

몇 가지 예를 살펴보자. 지수의 법칙에 따라 $x^{1/2} \cdot x^{1/2} = x^1$이므로 $x^{1/2}$은 다음과 같이 양수 x의 양의 제곱근이다.

$$x^{\frac{1}{2}} = \sqrt{x} \quad (x > 0)$$

비슷한 방법으로 다음과 같은 식이 성립한다.

$$x^{-1} = \frac{1}{x}, \quad x^0 = 1 \quad (x \neq 0)$$

라이프니츠에 따르면 위와 같이 x의 지수가 소수 혹은 음수일 때도 x^n의 미분 공식을 이용해 미분할 수 있다.

예를 들어 $n = -1$인 $1/x$을 미분하면 미분 공식을 사용해 $-1/x^2$을 얻을 수 있으며, 이는 5강의 결과와 같다.

라이프니츠와 무한소

앞서 이야기했듯이 라이프니츠는 논문의 여러 미분 공식을 어떻게 유도했는지 전혀 설명하지 않았다. 게다가 **그림 13.1**에서 볼 수 있듯이 결과 또한 다르게 썼다. 예를 들어 그는 곱의 미분 공식을 다음과 같이 썼다.

$$d(uv) = vdu + udv$$

이유는 알 수 없지만, 라이프니츠는 논문에서 du와 dv가 나타내는 크기도 명확히 설명하지 않았다. 그러나 1680년에 쓴 미발표 문서에는 다음과 같은 식과 설명이 나온다.

$$d(xy) = (x+dx)(y+dy) - xy$$
$$= xdy + ydx + dxdy$$

"dx와 dy가 무한히 작아서 $dxdy$가 다른 양에 비해 무한히 작다면, $dxdy$는 생략되고 위 식은 $xdy + ydx$와 같다."[3]

라이프니츠의 이런 생각은 이 수업의 접근법과는 매우 다르다. 이 수업에서는 무한소가 아닌 극한을 이용한다.

최단 경로를 찾아서

1684년의 논문 끝에서 라이프니츠는 논문에서 설명한 새로운 기술들을 일상생활의 문제에 어떻게 적용할 수 있는지 설명한다.

대표적인 예가 **그림 13.5**의 최소 시간 문제인데, 이 수업에서는 여러분이 쉽게 이해할 수 있도록 라이프니츠의 논문과는 약간 다르게 썼다. **그림 13.5**의 해변 위의 한 점 A에서 바다 위의 한 점 B까지 가장 빨리 가는 방법은 무엇인가?

A에서 B까지의 최단 경로는 당연히 A와 B를 연결한 직선이다. 그러나 수영보다 달리기가 훨씬 빠르다면, 해변에서 최대한 오래 달리고 바다에서 가능한 짧게 수영하는 것이 더 빠를 수 있다.

여기서 어떤 경로가 가장 빠른지는 미적분학을 이용해 구할 수 있는데, 다음 식이 성립하도록 각각 i와 r을 정한다면 A에서 B까지 가장 빠르게 갈 수 있다고 알려져 있다.

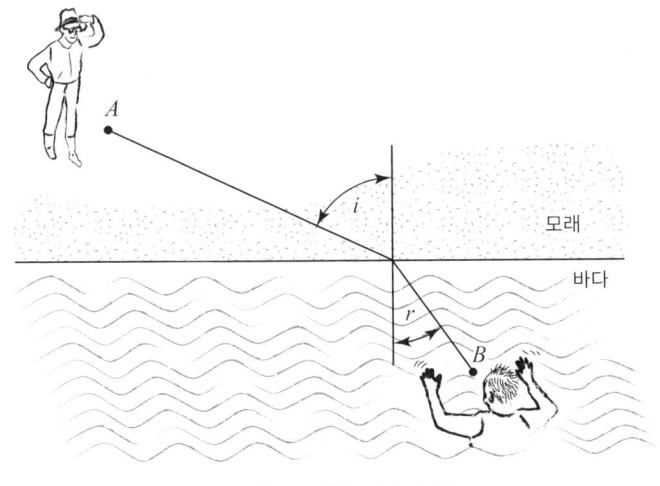

그림 13.5 최소 시간 문제

$$\frac{\sin i}{\sin r} = \frac{c_{\text{sand}}}{c_{\text{water}}}$$

(c_{sand}: 해변에서의 달리기 속도, c_{water}: 바다에서의 수영 속도)

사실 라이프니츠의 논문에 실린 문제는 달리기와 수영에 대한 문제가 아니라 빛에 대한 문제다. 빛이 서로 다른 두 매질을 지나며 굴절될 때, 입사각과 굴절각을 위의 식 i와 r에 대입하고, 빛이 두 매질을 지나는 각각의 속도를 위의 식 c_{sand}와 c_{water}에 대입하면 이 문제를 빛에 대한 문제로 변환할 수 있다.

즉, 미적분학은 빛이 두 매질 사이의 경계면에서 굴절될 때, 빛이 주어진 두 점 사이의 가장 빠른 경로로 이동한다는 것을 보여준다.

  아마도 몇몇 사람은 "도대체 빛은 어떻게 항상 가장 빠른 경로를 알 수 있는 것일까?"라고 궁금해할지도 모른다.

  이 질문에 대해 물리학자인 리처드 파인먼Richard Feynman은 장난스럽지만 양자역학 전문가답게 다음과 같이 말했다.

  "빛이 어떻게 한 번에 알겠어? 모든 길을 다 가보고 가장 빠른 경로를 찾았겠지."

나도 이 대답이 마음에 든다.

14강

∫

기호의 중요성

미적분학은 수학에 큰 영향을 끼쳤다. 그러나 당시 뉴턴과 라이프니츠의 연구 결과물을 제대로 이해할 수 있는 수학자는 그리 많지 않았다.

예를 들어 스위스의 위대한 수학자 요한 베르누이 Johann Bernoulli 조차 라이프니츠가 1684년에 발표한 논문을 본 뒤 다음과 같이 말했다.

"보면 볼수록 수수께끼 같은 논문."

그러나 베르누이는 끊임없이 노력하고 연구한 끝에 미적분학 강의까지 하게 되었다.

또한 그의 수업을 들었던 프랑스 수학자 마르키스 드 로피탈Marquis de l'Hôpital 후작은 1696년에 최초의 미적분학 교과서를 썼다. 라이프니츠의 기호와 접근법을 기반으로 로피탈이 쓴 미적분학 교과서《곡선을 이해하기 위한 무한소 해석Analyse des Infiniment Petits pour l'Intelligence des Lignes Courbes》은 미적분학의 확산에 큰 영향을 끼쳤다.

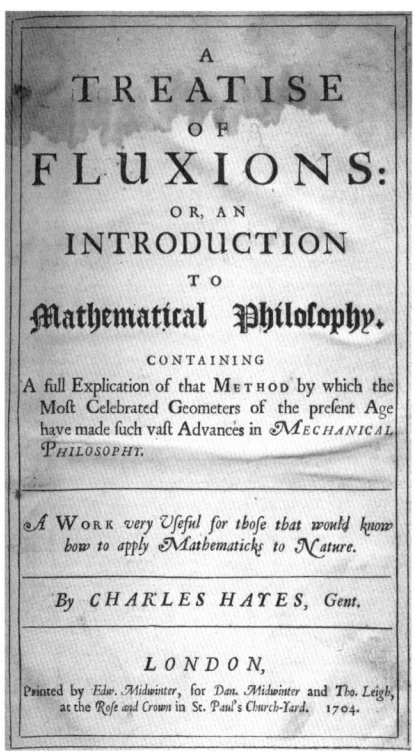

그림 14.1 초창기 미적분학 교과서(1704년)

찰스 헤이스Charles Hayes는 초창기 영문 미적분학 교과서 가운데 하나인 《유율법A Treatise of Fluxions》을 1704년에 출판했다(그림 14.1). 제목에서 알 수 있듯이 이 책은 물체의 운동과 관련해 곡선을 다뤘던 뉴턴의 방식을 따른다. 이런 이유로 책에서 사용된 변수 x와 y가 시간과 유사한 변수 t에 따라 변화하는 것으로 기술한다. 뉴턴은 x와 y의 값이 시간에 따라 변하는 비율을 유율fluxion이라는 용어로 나타냈으며, 변수 위에 점을 찍어 표기했다. 즉, x의 유율을 $\dot{x}$으로 나타냈으며, dx/dt를 의미하는 이 특별한 기호는 오늘날까지도 사용되고 있다.

교과서를 통해 세상에 퍼지기 시작하자 오래되지 않아 미적

 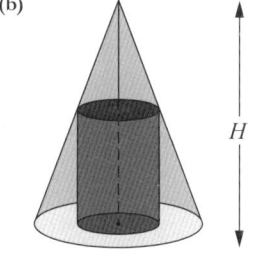

그림 14.2 (a) 〈레이디스 다이어리〉 (b) 시드웨이의 문제

분학은 다양한 분야에 적용되었다. 그중에는 미적분학과는 전혀 관련이 없어 보이는 분야도 있었다. 예를 들어 당시에 인기가 있었던 잡지 〈레이디스 다이어리Ladies Diary〉에는 '흥미롭고 재미있는 문제들'이 연재되었는데, 여기에는 수학 퍼즐도 있었다.

1714년 호에서는 바버라 시드웨이Barbara Sidway가 높이가 H인 원뿔에 들어 있는 원기둥에 대해 문제를 냈다(**그림 14.2**). 이 문제는 원예에 관련된 문제처럼 서술되었지만, 사실 원기둥의 높이가 얼마일 때 원기둥의 부피가 가장 큰지를 묻는 미적분학 문제였다.

독자 가운데 네 명이 정답을 보내왔다. 그들이 어떤 방법으로 정답을 구했는지는 모르겠지만, 미적분학을 사용하면 $(1/3)H$라는 답을 구할 수 있다.

수학 기호의 중요성

라이프니츠의 미적분학 기호는 오늘날에도 여전히 널리 사용된다. 여러 이유가 있겠지만, 그 가운데 하나는 dy/dx가 dy와 dx의 비율을 나타내는 것이 아님에도 불구하고, 비율처럼 생각해도 괜찮은 경우가 많기 때문이었다.

미분

y는 x의 함수이고, x는 t의 함수라고 가정하자. 이 경우 y는 t의 함수라 할 수 있으며 다음과 같은 식이 성립한다.

$$\frac{dy}{dt} = \frac{dy}{dx} \cdot \frac{dx}{dt}$$

이를 연쇄법칙chain rule이라고 부른다.

연쇄법칙을 이용하면 복잡한 함수를 손쉽게 미분할 수 있다. 예를 들어 $y = (t^2+1)^3$을 t로 좀 더 쉽게 미분하려면, 우선 t^2+1을 x로 치환하여($x = t^2+1$) 주어진 식을 $y = x^3$으로 바꿔 쓴다. 그러면 $dy/dx = 3x^2$이고 $dx/dt = 2t$이므로, 연쇄법칙에 따라 $dy/dt = 3(t^2+1)^2 \cdot 2t = 6t(t^2+1)^2$을 얻을 수 있다.

연쇄법칙을 사용해 얻은 주요 결과 가운데 하나는 다음과 같다. 우리는 뒤에서 이 결과를 다소 놀라운 맥락에서 사용하게 될 것이다.

$$\frac{dy}{dx} \cdot \frac{dx}{dy} = 1$$

오랜 세월이 지났음에도 여전히 널리 사용되는 라이프니츠의 기호는 다음과 같이 x의 함수를 x로 두 번 미분할 때도 사용된다.

$\dfrac{d^2y}{dx^2}$ 는 $\dfrac{d}{dx}\left(\dfrac{dy}{dx}\right)$ 를 의미한다.

이 결과 또한 뒤에서 사용할 것이다.

적분

이미 알고 있듯이 적분은 미분보다 훨씬 어려운 경우가 많다. 그러나 이렇게 어려운 적분에서도 적절한 기호는 매우 유용하다. 라이프니츠는 적분에 대해서도 지금까지 널리 사용되는 기호인 $\int$(인티그럴integral)을 만들었다.

덕분에 다음 식은

$$\dfrac{dA}{dx} = y$$

이런 식으로 바꿔서 쓸 수 있다.

$$A = \int y\,dx$$

위 식은 "y를 x로 적분한다."라고 읽는다.

적분 기호 $\int$은 Sum(합)의 첫 글자인 S를 길게 늘여 쓴 것으로, 위 식에서 A는 x의 함수 y에서 곡선 아래의 넓이를 의미한다.

> Sed ex iis quæ in methodo tangentium expoſui, patet eſſe d, ½xx=xdx ; ergo contra ½ xx=∫xdx (ut enim poteſtates & radices in vulgaribus calculis, ſic nobis ſummæ & differentiæ ſeu ∫ & d, reciprocæ ſunt.)

그림 14.3 적분 기호 $\int$ 을 처음 사용한 라이프니츠의 논문(1686년)

A는 A를 이루는 수많은 작은 사각형의 넓이 $y\delta x$를 모두 합하여 구할 수 있다.

예를 들어 x의 적분은 다음과 같이 쓸 수 있다.

$$\int x\,dx = \frac{1}{2}x^2 + c \quad (c는 상수)$$

좀 더 일반화해 x^n의 적분은 다음과 같이 쓸 수 있다.

$$\int x^n\,dx = \frac{x^{n+1}}{n+1} + c \quad (n \neq -1, c는 상수)$$

마지막으로 라이프니츠의 기호는 매우 유용한 적분 기법에 도움이 된다. 예를 들어 변수변환 change of variable 을 통한 적분은 x의 함수 y를 새로운 변수 t로 적분하는 방법이다.

이 방법을 사용하면 x로 적분하기 어려운 문제를 t를 이용해 더 쉬운 문제로 바꿀 수 있다.

$$\int y\,dx = \int y\frac{dx}{dt}dt$$

라이프니츠의 기호 덕분에 위 식은 매우 당연해 보일 뿐만 아니라 머릿속에도 쏙쏙 들어온다. 이와 같이 라이프니츠는 적절한 수학 기호의 중요성을 늘 강조했다. 그는 적절한 수학 기호가 수학 연구에 크게 도움 된다는 철학을 가지고 있었으므로 친구에게 보내는 편지에서 다음과 같이 이야기했다.

"위대한 발견이라도 그 발견의 정확한 본질적 특징을 기호로 간결하게 나타내야만 비로소 이점을 알 수 있다. 마치 그림처럼 말이다."[4]

15강

∫

누가 미적분을 발명했을까?

런던의 왕립학회Royal Society가 발행하는 〈철학회보Philosophical Transactions〉 1708년 호에는 옥스퍼드대학교의 수학자 존 케일John Keill이 쓴 논문이 실려 있다. 이 논문의 전체 내용을 알고 있는 사람은 거의 없지만, 미적분학에 관해 쓴 다음 내용은 수많은 사람이 알고 있다.

"라이프니츠가 미적분학의 이름과 기호만 바꿔 〈학술기요〉에 발표했지만, 뉴턴이 미적분학을 가장 먼저 발명했다는 사실은 의심의 여지가 없이 분명하다."

1711년에 이 논문을 본 라이프니츠는 표절 의혹을 제기한 것으로 받아들였고, 사과를 요구하며 케일을 왕립학회에 제소하였다. 곧 조사위원회가 소집돼 이 문제를 조사했으나, 라이프니츠의 주장은 받아들여지지 않았다. 그러나 한 꺼풀 벗기고 실체를 들여다보면, 이는 당연한 결과일 수밖에 없었다. 당시 왕립학회의 학회장이었던 뉴턴은 조사위원회를 자신의 지지자로 채웠을 뿐만 아니라 최종 보고서 상당 부분을 직접 작성했기 때문이다.

뉴턴과 라이프니츠의 대결

사실 누가 먼저 미적분학을 발견했는가에 관한 논쟁은 이후로도 수년간 지속됐다.

우리가 알고 있듯이 뉴턴은 라이프니츠가 수학에 관심을 가지기 훨씬 전인 1665~1666년 사이에 미적분학에 관한 수많은 결과물을 얻었다. 그 당시 유행했던 흑사병 때문에 케임브리지대학교는 오랫동안 폐쇄되었고, 그 기간 뉴턴은 링컨셔의 고향 집에 머물렀다. 고향 집에 머물렀던 시간이 뉴턴에게는 창의적인 생각을 할 수 있었던 특별한 시간이었다.

당시를 엿볼 수 있는 한 가지 예는 미분과 곡선의 면적을 연관시킨 뉴턴의 생각이었다. 지금 우리는 그 관계를 라이프니츠의 기호를 사용해 다음과 같이 표현한다.

$$\frac{dA}{dx} = y$$

이 식은 뉴턴이 불과 23살이었던 1666년 10월에 쓴 원고에 나온다. 물론 뉴턴이 사용한 기호는 이와 달랐지만 말이다.

그림 15.1에서 보듯 뉴턴은 1669년에 쓴 〈무한급수에 의한 해석학에 관하여〉에서 초기 연구 결과물을 간략히 설명했다. 또한 1671년에는 더 상세한 설명이 담긴 〈유율법과 무한급수Methodus Fluxionum et Serierum Infinitarum〉를 썼다. 다만 뉴턴은 자신의 원고를 선택된 소수의 사람에게만 보여주었다.

라이프니츠는 1674~1676년 동안 파리에 머물며 미적분학과 관련된 많은 결과물을 만들어냈다. 파리에 머무를 시간이 끝나갈 무렵인 1676년 10월 라이프니츠는 외교사절단의 일원으로 런던을 방문했는데, 이것은 미적분학 발견의 우선권 분쟁에서 매우 중요한 사건이 되었다.

런던을 방문했을 동안 라이프니츠는 뉴턴을 직접 만나지는 않았지만, 〈무한급수에 의한 해석학에 관하여〉를 포함해 뉴턴의 초기 연구 내용이 담긴 원고를 보았다. 라이프니츠가 1684년에 미적분학에 대한 논문을 최초로 발표했지만, 라이프니츠의 반대파는 런던 방문과 뉴턴과의 서신 교환에서 얻은 정보를 이용했다고 비난하기 시작했다.

DE ANALYSI
Per Æquationes Numero Terminorum INFINITAS.

MEthodum generalem, quam de Curvarum quantitate per Infinitam terminorum Seriem menfuranda, olim excogitaveram, in fequentibus breviter explicatam potius quam accuratè demonstratam habes.

ASI *AB* Curvæ alicujus *AD*, fit Applicata *BD* perpendicularis : Et vocetur $AB = x$, $BD = y$, & fint $a, b, c,$ &c. Quantitates datæ, & $m, n,$ Numeri Integri. Deinde,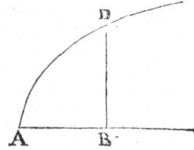

Curvarum Simplicium Quadratura.
REGULA I.

Si $ax^{\frac{m}{n}} = y$; Erit $\frac{an}{m+n}x^{\frac{m+n}{n}} = $ Areæ *ABD*.

Res Exemplo patebit.

1. Si $x^2 \;(= 1x^{\frac{2}{1}}) = y$, hoc eft, $a = 1 = n$, & $m = 2$; Erit $\frac{1}{3}x^3 = $ ABD.
A
2. Si

그림 15.1 뉴턴의 〈무한급수에 의한 해석학에 관하여〉의 첫 페이지. 이 논문은 결국 1711년에 출간되었다.

조심스럽고 의심이 많았던 뉴턴

뉴턴이 자신의 미적분학 연구 결과를 좀 더 일찍 완전한 형태로 발표했다면 이런 논쟁은 일어나지 않았을 것이다. 도대체 왜 뉴턴은 자신의 연구 결과를 발표하지 않았을까?

수학자 중 몇몇은 1666년 런던 대화재로 인해 당시 출판 시장이 너무 열악했었기 때문이라고 생각하기도 한다. 그러나 대부분은 유별날 만큼 내성적이고 비밀스러웠던 뉴턴의 성격 때문이었다고 생각한다. 뉴턴의 지인 가운데 한 명은 뉴턴에 대해 다음과 같이 말했다.

"내가 아는 사람 가운데 뉴턴만큼 걱정 많고, 조심스러우며, 의심 많은 성격을 가진 사람은 없었다."

그리고 뉴턴 자신도 연구 결과가 출판되었을 때 일어날 논쟁을 거의 병적으로 두려워했다고 인정했다.

이외에도 여러 가지 추측이 있으나, 사실 이 모든 논쟁은 약간 우스꽝스러운 것이다.

잘 생각해보면 미적분학은 어느 날 갑자기 하늘에서 뚝 떨어진 것이 아니다. 앞에서 살펴보았듯이, 케임브리지 대학에서 석좌교수직을 뉴턴에게 물려준 아이작 배로는 말할 것도 없고, 아르키메데스, 데카르트, 페르마, 월리스와 같은 수학자의 연구 결과가 미적분학 연구의 기초가 되었다.

그러나 서로 관련 없어 보이는 수많은 연구 결과를 미분·적분의 개념과 법칙으로 정리한 사람이 바로 뉴턴과 라이프니츠였다. 오늘날 수학의 역사를 연구한 수학자 대부분은 뉴턴과 라이프니츠가 서로 독립적이며 다른 방식으로 미적분학을 만들었다고 생각한다.

그들은 늘 논쟁의 핵심을 바꾼다!

뉴턴과 라이프니츠의 미적분학에서 가장 두드러진 차이는 무한급수의 역할이다. 다시 한번 말하지만, 뉴턴은 10강에서 설명한 방법과 비슷하게 무한급수를 사용하여 적분을 했다. 그는 이 과정에서 다음과 같은 이항 급수를 비밀무기처럼 사용했다.

$$(1+x)^n = 1 + nx + \frac{n(n-1)}{1 \cdot 2}x^2 + \frac{n(n-1)(n-2)}{1 \cdot 2 \cdot 3}x^3 + \cdots$$

$$(-1 < x < 1)$$

n이 양의 정수라면 이 방정식은 임의의 모든 x에 대하여 성립한다. 그리고 항의 개수는 언제나 $n+1$개다. 왜냐하면 $n+1$개 이후의 모든 항은 계수가 0이 되기 때문이다.

그러나 뉴턴은 n이 소수나 음수라도 무한급수가 성립한다는 사실을 발견했다. 참고로 이 발견은 뉴턴의 초기 연구 결과 중 하나로 그는 이 결과를 매우 자랑스럽게 생각했다. 이 연구 결과 덕분에 n을 -1로 설정할 수 있었고, 10강에서 보았던 $1/(1+x)$의 무한급수를 얻을 수 있었다. 그리고 n을 1/2로 설정하면 $\sqrt{1+x}$의 무한급수를 얻을 수 있다.

뉴턴은 미적분학 연구에서 그렇지 않은 경우를 찾기가 힘들 정도로 거의 언제나 무한급수를 사용하였다.

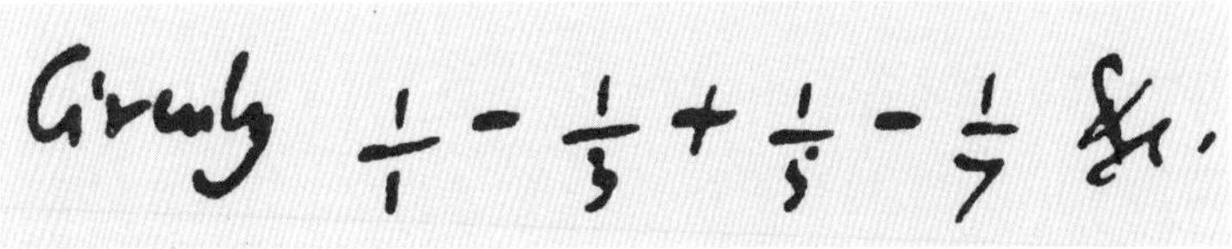

그림 15.2 1676년 편지에서 발췌한 라이프니츠가 자필로 쓴 홀수로 이어지는 유명한 무한급수

반면에 라이프니츠는 미적분학에서 무한급수를 그리 중요하게 여기지 않았다. 이런 그의 생각은 우선권 논쟁을 다룬 왕립학회 보고서에 대한 그의 답변에서도 엿볼 수 있다.

"그들은 늘 논쟁의 핵심을 바꾼다는 그들이 쓴 문서에는 … 미적분학에 관한 내용은 거의 찾아볼 수 없고 무한급수만이 가득 차 있다."[5]

한 가지 재미있는 사실은 무한급수와 연관된 여러 결과 중 가장 놀랍다고 여겨지곤 하는 무한급수를 만든 사람이 다름 아닌 라이프니츠였다는 것이다.

$$1 - \frac{1}{3} + \frac{1}{5} - \frac{1}{7} + \cdots = \frac{\pi}{4}$$

공교롭게도 우리는 원과 홀수 사이에 어떻게 이런 놀라운 관계가 성립하는지 이해할 준비를 거의 마쳤다. 하지만 아직 완벽하지는 않는다.

 이에 대해서는 17강에서 설명한다.

16강

∫

진동하는 사인과 코사인

수학에서는 주기적으로 진동하는 함수가 있다.

그 대표적인 예가 $\sin\theta$와 $\cos\theta$ 함수다. 이 둘은 미분을 하면 **그림 16.1**과 같이 각각 $\cos\theta$와 $-\sin\theta$가 나오는 놀라운 속성을 갖는다.

우리 대부분은 한 각이 θ인 직각삼각형을 다루는 삼각법을 통해 처음 $\sin\theta$와 $\cos\theta$를 접하기 때문에 아마 이런 속성이 매우 놀랍게 느껴질 것이다(**그림16.2**).

앞으로 살펴볼 것이지만, 이 모든 생각은 서로 관련이 있다.

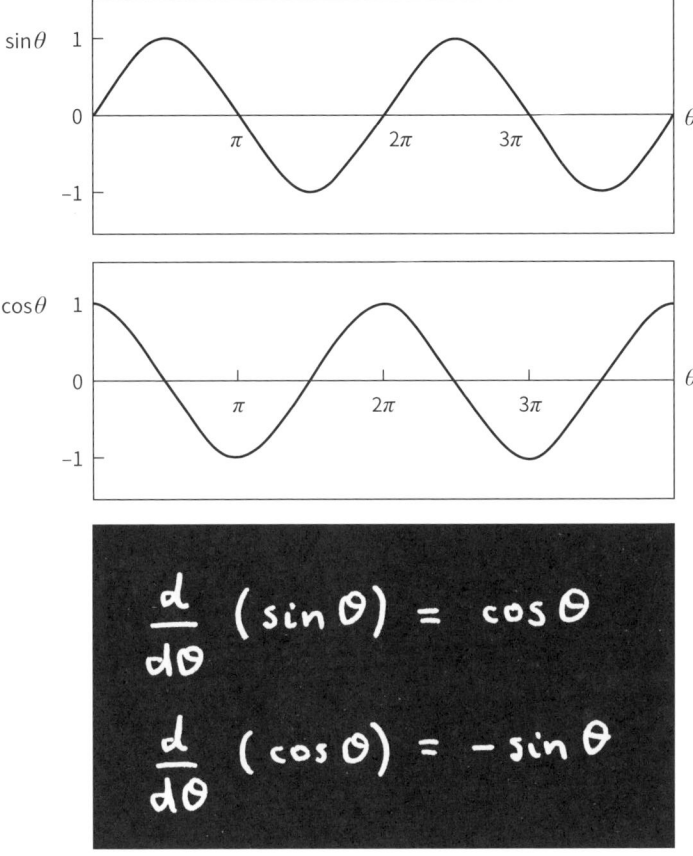

그림 16.1 sinθ와 cosθ 함수

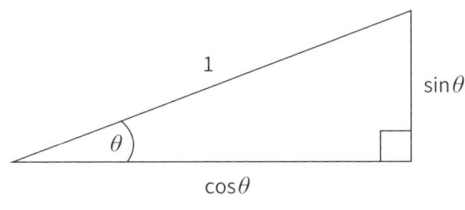

그림 16.2 직각삼각형

라디안의 정의

지금부터 우리는 각을 도degree가 아닌 라디안radian 단위로 측정할 필요가 있다. 라디안의 정의는 다음과 같다.

우선 원을 그린 뒤 **그림 16.3**과 같이 한 반지름에서 원의 둘레를 따라 호의 길이가 반지름 r과 같은 거리가 되도록 움직인다.

이 라디안의 정의에 따라 계산을 해보면 1라디안은 약 57.3도다.

한편 원의 둘레의 길이는 $2\pi r$이고 원의 둘레를 1라디안 만큼 이동한 호의 길이가 r이므로 원을 한 바퀴 돌았을 때 각의 크기 (360도)는 2π 라디안이다.

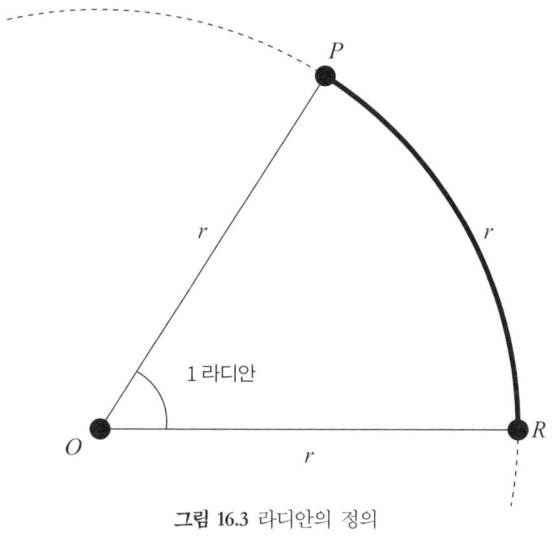

그림 16.3 라디안의 정의

마찬가지로 동일한 추론을 적용해보면 다음과 같다.

$$\frac{\pi}{2} \text{라디안} = 90\text{도}$$

위 식의 좌변과 우변 모두 원의 둘레를 따라 1/4만큼 즉, $(1/2)\pi r$ 만큼 움직인 각의 크기를 나타낸다.

진동하는 사인과 코사인

그림 16.4처럼 반지름이 1인 원을 그리고, 점 P가 점 R에서 출발해 반시계 방향으로 움직인다고 가정하자. P는 원의 둘레를 따라 계속해서 움직이고, 결과적으로 P가 움직인 각 θ도 계속해서 증가한다.

직각삼각형의 기초적인 기하학에 따라 이제부터 우리는 $\cos\theta$와 $\sin\theta$를 각각 P의 x좌표와 y좌표로 정의하고자 한다. P가 $\theta = 0$인 R에서 출발하는 경우, $\sin\theta$ 혹은 y좌표는 0에서 출발한 뒤 반시계 방향으로 1/4바퀴 돌아서 $\theta = \pi/2$일 때 1에 도달한다.

y좌표는 이후 1/4바퀴씩 돌 때마다 0, -1을 거쳐 $\theta = 2\pi$일 때 다시 0으로 되돌아온다. 또한 θ가 2π에서 4π로 커지며 P가 원의 둘레를 두 번째 도는 경우에도 y는 첫 번째 바퀴를 돌 때와 같은 순서로 변한다.

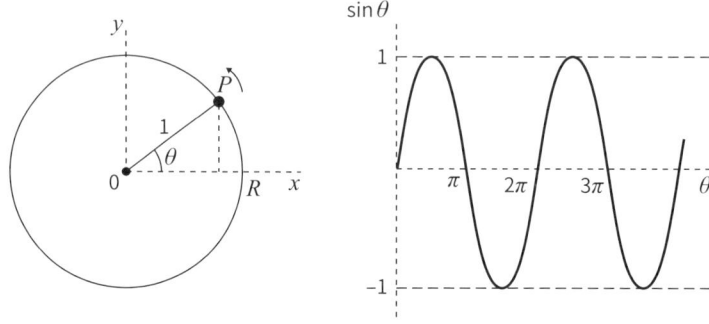

그림 16.4 진동하는 sinθ

cosθ인 P의 x좌표도 그림 16.1처럼 π/2만큼 왼쪽으로 치우쳐 있다는 것만 다를 뿐 θ가 변할 때 같은 방식으로 변한다.

이것이 sinθ 함수와 cosθ 함수가 변수 θ가 증가함에 따라 계속 진동하는 이유다.

당연히 미적분학의 관점에서 가장 흥미로운 문제는 두 함수의 변화 비율에 대한 것이다.

사인과 코사인의 흥미로운 관계

그림 16.5와 같이 시간을 나타내는 변수 t에 대해 P가 $θ=t$인 조건으로 원의 둘레를 따라 움직인다고 가정하자.

그림 16.5와 같이 $\cos t$와 $\sin t$가 각각 x와 y이므로 $\frac{d}{dt}(\cos t)$와

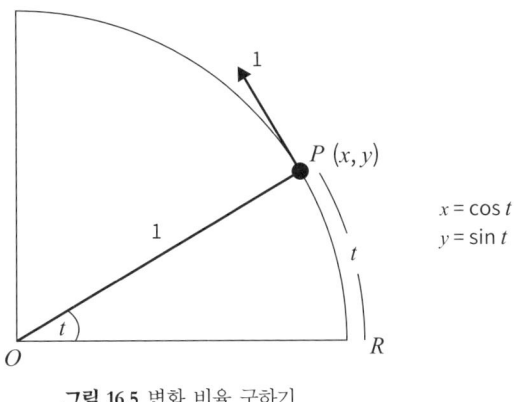

그림 16.5 변화 비율 구하기

$\frac{d}{dt}(\sin t)$는 각각 dx/dt와 dy/dt인데, 이것을 쉽게 구하는 방법이 있다.

반지름 1인 원에서 라디안으로 각을 측정할 때 얻는 이득은 P가 둘레를 따라 이동한 호의 길이 PR이 각 $\angle POR$의 크기에 비례할 뿐 아니라 아예 같다는 점이다(1라디안$=r=1$, 2라디안 $=2r=2$). 그러므로 PR의 길이는 t다.

한편 P가 시간 t 동안에 거리 t만큼 움직이므로 원의 둘레를 따라 움직이는 P의 속력은 1이다. 그러므로 임의의 순간 P의 속도는 그 점에서의 접선 방향으로 1이다.

그리고 접선은 반지름 OP와 수직이므로 P의 이동 방향과 y축이 이루는 각은 **그림 16.6**에서 보듯 t다.

이제 **그림 16.6**의 가운데 화살표 방향으로 속력 1로 움직이는 것은 음의 x축 방향으로는 속력 $\sin t$, 양의 y축 방향으로는 속력

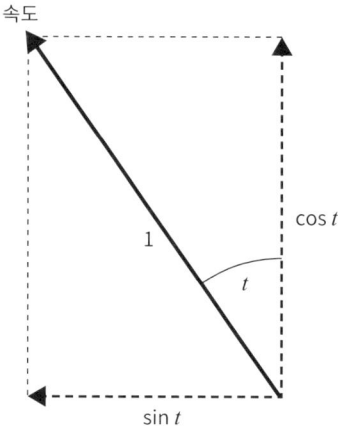

그림 16.6 속도 요소

$\cos t$로 움직이는 것과 같다. 그러므로 $dx/dt = -\sin t$이고, $dy/dt = \cos t$이다.

그러므로 이 수업 처음에서 말했듯이 다음 식이 성립한다.

$$\frac{d}{dt}(\sin t) = \cos t$$

$$\frac{d}{dt}(\cos t) = -\sin t$$

이 식은 진동 관련 물리 문제를 해결하는 데 매우 결정적이고 중요하다. 더욱 놀라운 사실은 이 식이 라이프니츠 무한급수의 비밀을 푸는 데 핵심적인 역할을 한다는 것이다.

17강

∫

라이프니츠의 무한급수

"기하학자들의 머릿속에 영원히 기억될 만큼 중요한 원의 특징을 발견했군요."

— 라이프니츠에게 보내는
크리스티안 하위헌스Christiaan Huygens의 편지(1674년)

드디어 수학사에서 가장 놀라운 결과 중 하나인 π와 홀수 사이의 관계에 대해 살펴볼 차례가 되었다.

라이프니츠 무한급수(그림 17.1)의 역사를 살펴보면 다소 의아한 생각이 든다. 라이프니츠는 1682년 〈학술기요〉에서 특별한 증명이나 유도 과정 없이 라이프니츠 무한급수를 발표했다. 사실 이 무한급수는 발표되기 수년 전인 1674년에 라이프니츠가

$$\frac{\pi}{4} = 1 - \frac{1}{3} + \frac{1}{5} - \frac{1}{7} + \cdots$$

그림 17.1 라이프니츠 무한급수

파리에 머무르는 동안 발견한 것이었다.

또한 스코틀랜드의 수학자인 제임스 그레고리James Gregory가 이 급수를 라이프니츠보다 몇 년 앞서 발견했다는 이야기도 있다. 게다가 인도 케랄라 지역에 학교를 세웠던 수학자 마드하바Madhava가 라이프니츠나 그레고리보다 약 300년이나 빨리 이 급수를 발견한 덕분에 케랄라 지역의 수학자들은 오래전부터 이를 알고 있었던 것으로 보인다. 다만 그들은 이 무한급수를 미적분학이 아니라 기하학적인 방법으로 증명했다.

다시 본론으로 돌아와 미적분학을 이용해 π와 홀수가 어떤 관계를 맺고 있는지 이해하려면 이제까지 배웠던 중요한 방법들이 모조리 필요하다. 그러므로 좀 더 이해하기 쉽게 몇 단계로 나누어 설명하고자 한다.

π/4는 어디서 왔을까?

두 변수 x와 θ가 서로 다음과 같은 관계에 있다고 가정하자.

$$x = \frac{\sin\theta}{\cos\theta}$$

여기서 θ는 0과 π/4 사이의 임의의 값이다(그림 17.2).

그러면 먼저 $\theta = 0$일 때, $x = 0$이다.

그리고 θ를 π/4까지 점차 증가시키면 x는 1이 될 때까지 점차 증가한다.

$$\theta = \frac{\pi}{4} \text{일 때}, x = 1$$

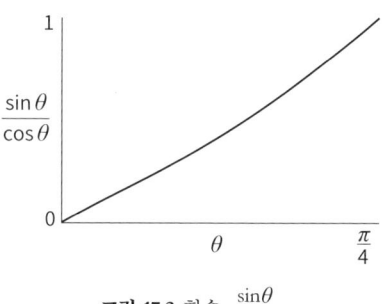

그림 17.2 함수 $\dfrac{\sin\theta}{\cos\theta}$

이러한 결과가 나오는 이유는 $\pi/4$라디안이 45도이기 때문이다. 이 각도를 이루는 직각삼각형은 두 변의 길이가 같은 직각이등변삼각형이다. 직각이등변삼각형에서 $\sin\theta$와 $\cos\theta$가 같으므로 $\sin\theta/\cos\theta$는 1이 된다(그림 17.3).

라이프니츠 급수의 좌변에 등장하는 $\pi/4$라디안은 x를 1로 만드는 특별한 θ다.

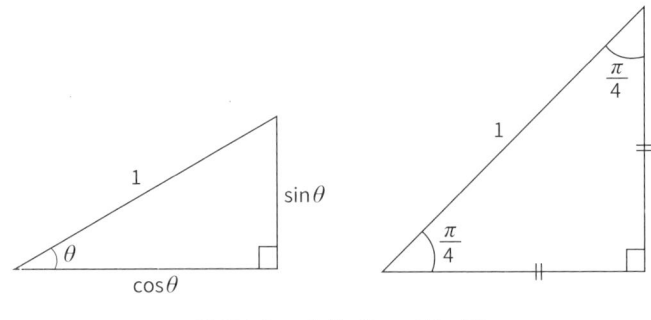

그림 17.3 $\theta=\pi/4$일 때 $x=1$인 이유

라이프니츠 무한급수 구하기

이제 미적분학이 등장할 차례로 라이프니츠 급수의 우변에 있는 무한급수가 어떻게 나왔는지 여섯 단계로 나누어 설명한다.

1단계 다음 식을 미분한다.

$$x = \frac{\sin\theta}{\cos\theta}$$

위 식을 **그림 16.1**의 삼각함수 미분법과 **그림 13.4**의 비의 미분 공식을 사용해 미분하면 다음과 같은 미분 결과를 얻을 수 있다.

$$\frac{dx}{d\theta} = \frac{\cos\theta\cos\theta - \sin\theta(-\sin\theta)}{(\cos\theta)^2}$$

2단계 1단계의 미분 결과에서 우변을 $x = \sin\theta/\cos\theta$를 사용해 x에 관한 식으로 다음과 같이 나타낸다.

$$\frac{dx}{d\theta} = 1 + x^2$$

3단계 2단계에서 구한 식을 14강에서 배운 연쇄법칙을 사용해 다음과 같이 바꿔 쓴다.

$$\frac{d\theta}{dx} = \frac{1}{1+x^2}$$

1단계에서는 x가 θ의 함수였으나, 이제 반대로 θ를 x의 함수로 생각할 수 있다.

4단계 10강에서 다루었던 무한급수에서 x를 x^2으로 바꾼 후, 3단계에서 얻은 식에 적용하면 다음과 같은 식을 얻을 수 있다.

$$\frac{d\theta}{dx} = 1 - x^2 + x^4 - x^6 + \cdots$$

위 식은 $x^2 < 1$일 때 성립한다.

5단계 4단계에서 얻은 $1 - x^2 + x^4 - x^6 + \cdots$ 을 x로 적분하면, 다음과 같은 식을 얻을 수 있다.

$$\theta = x - \frac{x^3}{3} + \frac{x^5}{5} - \frac{x^7}{7} + \cdots$$

위 식에서 $\theta = 0$이면 x는 0이므로 적분 상수는 0이다.

6단계 $\theta = \pi/4$면 x는 1이다. 5단계에서 얻은 식에 $\theta = \pi/4$와 $x = 1$을 각각 대입하면, π와 홀수의 관계를 나타내는 라이프니츠 무한급수를 얻을 수 있다(**그림 17.4**).

$$\frac{\pi}{4} = 1 - \frac{1}{3} + \frac{1}{5} - \frac{1}{7} + \cdots$$

이제 몇 가지 중요한 사실을 언급하고 이번 수업을 마치려 한다.

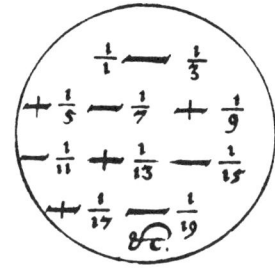

그림 17.4 라이프니츠의 논문에 실린 그림(1682년)

    첫째, 라이프니츠 무한급수를 유도한 여섯 단계에는 문제가 될만한 부분이 있다. 4단계의 식은 x^2이 1보다 적은 경우에만 성립한다고 했는데, 6단계에서는 x에 1을 대입했다. 물론 이 부분도 설명할 수 있지만, 기술적으로 생각할 것이 많으므로 우리의 수업에서는 다루지 않는다.

    둘째, 이제껏 설명한 여섯 단계는 라이프니츠가 한 것이 아니다. 라이프니츠가 1676년 8월 뉴턴에게 (간접적으로) 보낸 편지에 적혀 있듯이, 라이프니츠는 이 급수를 오히려 기하학적으로 설명했다.

    셋째, 우연이겠지만 뉴턴 또한 다음과 같이 비슷한 무한급수를 바로 만들어 보였다.

$$\frac{\pi}{2\sqrt{2}} = 1 + \frac{1}{3} - \frac{1}{5} - \frac{1}{7} + \frac{1}{9} + \frac{1}{11} - \cdots$$

물론 라이프니츠의 무한급수와 매우 비슷해 보였기 때문에 뉴턴은 다음과 같이 차이를 강조하려 했다.

"내가 만든 무한급수는 라이프니츠의 무한급수와 +, - 부호 패턴이 다르다."[6]

마지막으로, 뉴턴은 라이프니츠 무한급수의 수렴 속도가 너무 늦어 실제로 π를 계산하는 데 쓸모가 없다고 비꼬았다. 예를 들어 라이프니츠 무한급수의 우변을 300번째 항까지 계산하더라도 그 값은 약 2000년 앞서 아르키메데스가 구했던 22/7보다 정확도가 떨어진다.

그러나 π가 들어 있고 특정한 값으로 빠르게 수렴하는 그 어떤 무한급수라도 보는 순간 숨이 멎을 것 같이 우아하고 단순한 라이프니츠 무한급수와는 비교할 수 없다.

물론 이것은 내 의견이다.

18강

∫

미적분, 공격을 받다

라이프니츠는 1716년에 세상을 떠났다. 위대한 철학자이자 수학자의 죽음이었지만 이상하게도 몇몇 친구와 비서를 제외하고는 아무도 장례식에 참석하지 않았다. 라이프니츠가 세상을 떠나고 10년 뒤, 뉴턴 또한 세상을 떠났다. 그러므로 미적분학을 더욱 발전시키는 사명이 후배 수학자들에게 남겨졌는데, 가장 시급했던 문제 가운데 하나는 미적분학의 논리적 토대가 아직 튼튼하지 못했다는 점이다.

이 문제는 1734년 《분석가: 신앙심 없는 수학자에게 보내는 담론The Analyst: A Discourse Addressed to an Infidel Mathematician》이라는 제목의 책이 출간되자 더욱 뚜렷해졌다(그림 18.1). 이 책의 저자는 아일랜드 클로인 교구의 주교였던 조지 버클리George Berkely였다.

여기에서 문제가 되고 있는 '신앙심 없는 수학자'는 널리 알려진 불가지론자였던 에드먼드 핼리라고 여겨졌다. 버클리는 종교가 불확실한 기반에 근거하고 있다고 보는 수학자들에게 근본적인 도전을 제기하였다.

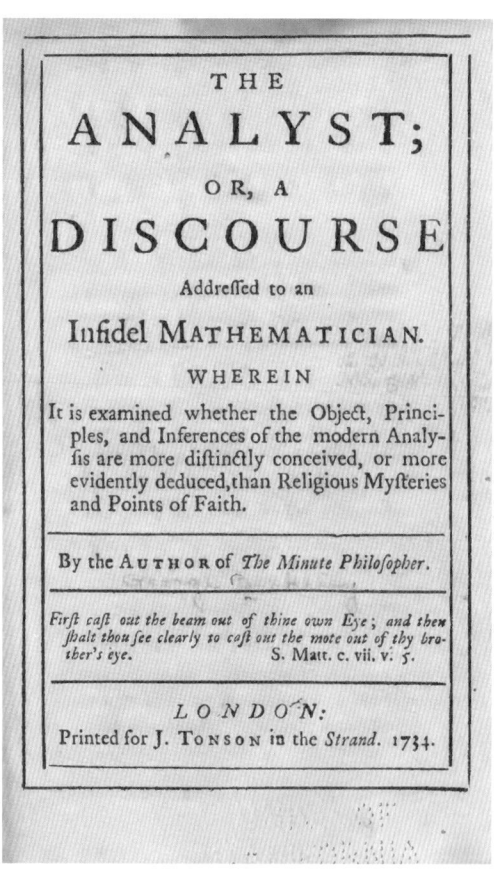

그림 18.1 버클리의 《분석가》(1734년)

그는 미적분학에서 사용된 여러 개념에 의문을 제기했다. 예를 들어 그의 책에서 가장 널리 알려지고 자주 인용되는 부분은 '순간 증가'에 대한 생각을 담은 뉴턴의 유율법을 직접 겨냥한 버클리의 다음과 같은 빈정거림이다.

"도대체 이런 순간 증가란 무엇이란 말인가? 그것은 유한한 양도 아니고, 한없이 작은 양도 아니며, 그렇다고 아예 없는 것도 아니다. 유령 같은 양이라고 말한 들 무슨 차이가 있을까?"

하지만 버클리의 가장 날카로운 비판은 아마도 미적분학에서 실제로 사용되는 추론에 관한 비판일 것이다.

무한히 작은 양이란 무엇인가?

버클리의 비판을 살펴보기 위해 $y=x^2$처럼 단순한 함수를 대수학적으로 미분하는 과정을 생각해보자.

먼저 x를 $x+h$로 증가시키면, y의 증가량은 $(x+h)^2-x^2 = 2hx+h^2$이다.

다음으로 y의 증가량을 x의 증가량으로 나눈다.

$$(1) \quad \frac{2hx + h^2}{h}$$

그리고 분자와 분모에서 h를 소거하면 다음과 같다.

$$(2) \quad 2x + h$$

여기서 뉴턴이 즐겨 말했듯이 마지막 항인 h를 생략하면 x^2을 미분한 값인

$$(3) \quad 2x$$

를 얻을 수 있다.

 그러나 버클리는 아무런 문제도 없는 듯 보이는 이 미분 과정에 의문을 나타냈다. h는 0인가 0이 아닌가? 만약 h가 0이라면 0으로 나눌 수는 없으므로 (1)은 틀렸다. 반대로 h가 0이 아니라면 (2)에서 (3)으로 넘어가는 과정에 문제가 발생한다.

 버클리의 눈으로 보기에 미분 과정은 케이크를 맛있게 먹으면서 동시에 케이크가 그대로 남아 있기를 바라는 모순된 과정이었다.

> "앞뒤가 전혀 맞지 않는 매우 모순된 주장으로 신학이라면 결코 용납될 수 없는 주장이다."

버클리는 당시 '무한소'라는 개념을 사용한 미적분학의 논리나 정당화에 대해 다음과 같이 말하며 미덥지 않게 생각했다.

> "느낄 수 있거나 상상할 수 있는 어떤 양보다도 무한히 작은 양인 무한소가 도대체 무엇이란 말인가? 솔직히 말해 내 능력으로는 도저히 이해할 수 없다."

그는 '무한히 작은 양'이 실제로 존재한다고 생각하지 않았다.

무한소라는 골치 아픈 문제

13강에서 보았듯이 라이프니츠는 1680년경 '무한소'라는 개념을 사용했다. 뉴턴 역시 그리 탐탁지 않게 생각했지만 1665년에 쓴 원고에서 명확히 알 수 있듯이 미적분학에 관한 초기 연구 시절에 이 개념을 이미 사용했다.

> "'무한소'라는 개념을 기하학적으로 고려하지 않는 한 이 문제를 도저히 풀 수 없다."

그러나 두 사람 모두 세월이 흐르며 이 개념에서 멀어진 듯하다. 예를 들어 《프린키피아》 1권에서 뉴턴은 다음과 같이 썼다.

"나는 수학적인 관점에서 어떤 '양'이라는 것은 무한히 작은 부분들로 이루어진 것이 아니라 연속적인 움직임에 의해 만들어진 것으로 생각한다."

또한 라이프니츠는 1706년에 쓴 편지에서 다음과 같이 말했다.

"냉정히 말해 무한소와 무한대 그 어느 쪽도 잘 믿어지지 않는다. 내 생각에 양쪽 모두 간결한 말로 표현하기 위해 만들어진 상상 속 개념으로 보인다."

뉴턴과 라이프니츠 모두 자신들의 연역적 주장이 고대 그리스 학자들의 귀류법에 비해 논리적으로 덜 완전하다는 사실을 잘 알고 있었다. 그러나 라이프니츠는 이러한 논리적 완전성을 상대적으로 덜 중요하게 생각했다. 오히려 그는 "미적분학을 사용해 올바른 결과를 얻을 수 있을까?" 또는 "미적분학을 사용해 새로운 사실을 알아낼 수 있을까?"와 같은 문제를 더 중요하게 생각했다.

미적분의 논리적 불완전성

마지막으로 $y=x^2$의 미분 과정을 다시 잠깐 살펴보면서 이번 수업을 끝맺으려 한다.

x의 변화량 h를 0으로 설정해 $2x+h$에서 $2x$를 구하는 방법 대신, h가 0에 가까이 갈 때 $2x+h$의 극한을 구하는 과정을 미분이라 주장할 수도 있다. 그러나 버클리가 살아 있었다면 극한이 정확히 무엇을 의미하는지 즉시 되물었을 것이다. 결국 '극한'의 개념을 논리적 반석 위에 온전하게 세우기까지 수많은 수학자의 오랜 노력이 필요했다. 남은 수업들에서는 이런 노력을 살펴볼 것이다.

논리적으로는 불완전했을지 몰라도 미적분학은 맹렬한 속도로 계속 발전해 나갔다. 그 이유가 무엇이었을까?

그 이유는 사실 간단하다.

미적분학을 이용하면 여러 문제를 풀 수 있기 때문이다.

19강

∫

오일러의 미분방정식

"최근 들어 뉴턴 경과 그의 제자들에 비해 외국의 수학자들이 많은 분야에서 좀 더 많은 연구 결과를 얻어내는 모습이 명확히 보인다."

— 영국의 수학자 토머스 심프슨Thomas Simpson(1757년)

이번에 소개할 인물은 위대한 수학자 레온하르트 오일러Leonhard Euler(1707~1783년)이다. 스위스의 수학자인 오일러는 요한 베르누이와 함께 공부하였으며, 주로 베를린과 상트페테르부르크에서 머물며 수학을 연구했다. 그의 지인들은 그에 대해 다음과 같이 이야기했다.

그림 19.1 레온하르트 오일러

"일반적으로 위대한 수학자들이 침울하고 사교성이 부족한 데 반해 레온하르트 오일러는 밝고 활기가 넘쳤다."

오일러가 세상을 떠나고 약 50년이 지난 뒤에도 상트페테르부르크 아카데미에서 그의 학술 논문을 출판했을 만큼, 그는 가장 많은 업적을 이룬 수학자 중 한 명으로 손꼽힌다.

오일러의 가장 주요한 업적 가운데 하나는 역학에 관한 것이다. 그는 뉴턴의 획기적인 연구 결과를 토대로 오늘날까지도 여전히 널리 쓰이는 역학에 대한 새로운 접근법을 제시하고 기초를 수립했다.

오일러가 제시한 접근법의 핵심 아이디어는 물리 문제를 미분방정식differential equation으로 나타내는 것이다.

미분방정식은 양이 변하는 비율을 다루는 방정식이다. 우리의 임무는 이 미분방정식을 풀어 시간에 따라 양이 어떻게 변하는지 결정하는 것이다.

이를 좀 더 명확히 설명하기 위해 과학에서 가장 오래된 탐구 주제 하나를 함께 살펴보자.

미분방정식과 단진자

단진자는 한쪽이 고정된 기다란 줄 끝에 추가 매달려 있는 모습으로 이 단진자의 작은 진동은 **그림 19.2**와 같이 미분방정식을 이용해 설명할 수 있다.

여기에서 θ는 시간이 t일 때 진자와 수직선 사이의 각도(라디안)를 나타내고, l은 줄의 길이를 나타낸다. 또한 g는 중력 가속도다(9.81m/s^2).

왼쪽의 미분방정식은 줄과 수직인 방향으로 가해지는 힘(질량×가속도)을 기술하는 기본적인 운동 법칙이다.

자세히 설명하지는 않겠지만, 방정식의 우변은 θ에 비례하고

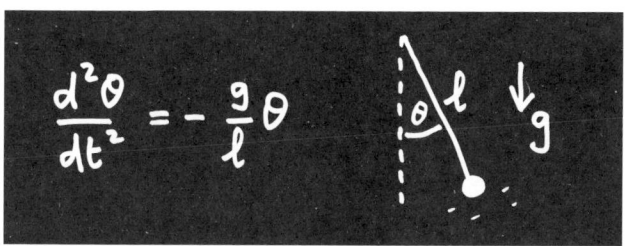

그림 19.2 단진자의 작은 진동에 대한 미분방정식

중력으로 인한 힘에서 비롯된다. 부호가 음수인 이유는 진자를 움직이는 힘이 θ를 0으로 만드는 방향인 아래쪽으로 가해지기 때문이다.

반면에 방정식의 좌변은 가속도에 의한 것으로 $d^2\theta/dt^2$은 14강에서 설명했듯이 θ를 시간 t로 두 번 미분해 얻은 함수를 나타낸다.

지금부터 각 θ와 시간 t가 어떤 관계를 맺는지 이해하기 위해 미분방정식을 풀어보자.

어려운 문제

$$\frac{d^2\theta}{dt^2} = -\frac{g}{l}\theta$$

이 식을 보았을 때 아주 자연스럽게 떠오르는 생각은 "θ를 t에 대해 두 번 적분하면 되겠네."일 것이다.

그러나 문제가 있다. 그것도 아주 심각한 문제다.

우변을 적분하기 너무 어려워서 그런 걸까? 아니다. 문제는 우변이 t의 함수가 아니라는 점이다. 다시 말해 우변이 t가 아닌 θ의 함수이며, 우리는 θ와 t의 관계를 전혀 알지 못한다. 따라서 이 문제를 풀기 위해 우선 θ와 t의 관계를 알아야 한다.

주어진 식은 미분방정식의 전형적인 예로 이 방정식을 풀려면 상당한 수준의 독창성이 필요하다.

단진자 운동의 미분방정식 풀기

단진자 운동에서 각 θ와 시간 t의 관계를 알지 못한다는 것은 엄밀히 말해 사실이 아니다. 우리는 이 진자가 왔다 갔다 진동하며 움직인다는 사실을 이미 알고 있기 때문이다. 이러한 진동을 앞에서 본 기억이 떠오르는가?

16강에서 보았듯이 삼각함수 $\cos t$와 $\sin t$의 함수는 위아래로 진동한다. 그러므로 약간의 창의력을 발휘해 다음 방정식의 해를 구해보자.

$$\theta = A\cos\omega t$$

위 식에서 A와 ω는 모두 상수로 각각 진폭의 크기(작다고 가정)와 진동 속도를 나타낸다.

이제 라이프니츠의 연쇄법칙을 사용하면 **그림 16.1**의 삼각함수 미분법을 다음과 같이 일반화할 수 있다.

$$\frac{d}{dt}(\cos\omega t) = -\omega\sin\omega t$$

$$\frac{d}{dt}(\sin\omega t) = \omega\cos\omega t$$

그러므로 $\theta = A\cos\omega t$를 두 번 미분하면 다음과 같은 식을 얻을 수 있다.

$$\begin{aligned}\frac{d^2\theta}{dt^2} &= -A\omega^2\cos\omega t \\ &= -\omega^2\theta\end{aligned}$$

한편 $d^2\theta/dt^2 = -(g/l)\theta$이므로, $\omega = \sqrt{g/l}$ 이고 θ는 다음과 같이 t의 함수로 정의되어 처음 주어진 미분방정식의 해가 될 것이다.

$$\theta = A\cos\left(\sqrt{\frac{g}{l}}\,t\right)$$

이는 $t=0$인 정지 상태에서 출발해 수직선으로부터 작은 각 A

만큼 진동하는 진자의 움직임을 나타내는 미분방정식의 해다.

진동 주기

문득 한 가지 질문이 떠오른다. 앞의 진자에서 진자가 한 번 진동하는 데 걸리는 시간은 얼마일까?

16강에서 보았듯이 함수 $\cos x$는 2π를 주기로 진동하므로 이 질문에 비교적 쉽게 답할 수 있다. 즉, $\omega = 2\pi/T$이므로 진자가 한 번 진동하는 데 걸리는 시간(주기)은 다음과 같다.

$$T = 2\pi \sqrt{\frac{l}{g}}$$

이 식은 물리학에서 가장 오래되고 잘 알려진 공식 중 하나다. 우리는 지금 약간의 미적분학을 이용하여 $F=ma$라는 법칙으로부터 이 공식을 도출했다.

위 식에서 단진자 운동의 진동 주기는 상수 A와는 상관없다. 즉, 진폭이 작은 경우, 그것이 얼마나 작은지는 중요하지 않다.

여기에서 가장 눈에 띄는 점은 주기 T가 줄의 길이 l의 제곱근에 비례한다는 사실이다.

갈릴레오는 1609년 무렵 그의 가장 유명한 실험을 통해 이런 사실을 발견했다. 만약 원한다면 우리도 갈릴레오를 따라 대략적으로 실험을 해볼 수 있다.

　먼저 진자가 진동하도록 한 뒤 진자가 한쪽 끝에서 다른 쪽 끝까지 움직이는 시간을 측정한다.

　그다음 줄의 길이를 1/4만큼 줄이고 다시 진자가 한쪽 끝에서 다른 쪽 끝까지 움직이는 시간을 측정하면 진자는 분명 앞의 실험보다 빨리 움직인다.

20강

∫

미분방정식과
물리세계

 미분방정식은 물리세계를 이해하는 데 매우 중요한 열쇠다. 그런데 이 미분방정식은 지금까지 이 수업에서 설명해온 것과는 상당히 다른 유형이다. 그 이유는 간단한데 미분방정식에서 우리가 결정해야 할 양은 대부분 두 개 이상의 변수에 의존하기 때문이다.

 예를 들어 기타 줄을 튕기면 기타 줄의 위치 y는 시간 t에 따라 달라질 뿐만 아니라 기타 줄 끝에서부터의 거리 x에 따라서도 달라진다(그림 20.1).

 이렇듯 y는 두 변수 t와 x의 함수이므로 이 상황을 이해하려면 다음과 같이 편미분이라 부르는 좀 더 정교한 형태의 미적분이 필요하다.

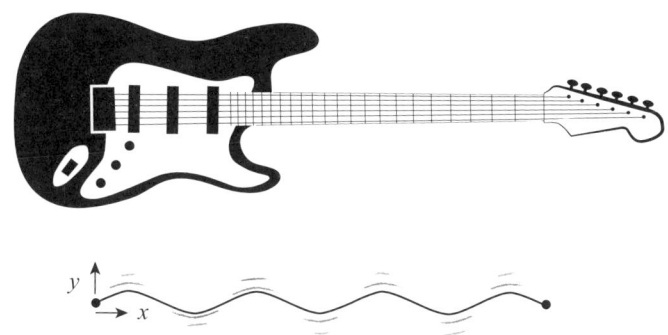

그림 20.1 기타 줄의 진동

$$\frac{\partial y}{\partial t} \text{ 와 } \frac{\partial y}{\partial x}$$

$\partial y/\partial t$는 거리 x를 고정했을 때 t에 대한 y의 변화율인 고정된 한 점에서 기타 줄의 진동 속도를 나타낸다.

이와 유사하게 $\partial y/\partial x$는 시간 t를 고정했을 때 x에 대한 y의 변화율이다. 마치 우리가 '스냅사진'을 찍는 것처럼 이는 특정 순간에 줄의 기울기를 나타낸다.

지금까지 보아온 미분 기호 'd'와는 약간 다르게 생긴 '∂'는 두 가지 이상의 여러 변수로 정의된 다변수 함수를 미분한다는 뜻이다.

파동방정식

기타 줄의 장력과 단위 길이당 밀도를 각각 T와 ρ라 하면, 기타 줄의 위치 y는 **그림 20.2**의 편미분방정식을 풀어 구할 수 있다.

다음 식에서 좌변 $\partial^2 y/\partial t^2$은 기타 줄의 가속도이며, 우변은 가속도를 발생시킨 단위 질량당 힘이다.

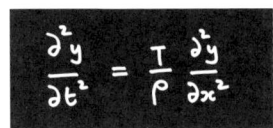

그림 20.2 진동하는 기타 줄에 대한 편미분방정식

힘이 우변처럼 표현된 이유를 이해하기 위해 기타 줄 일부의 스냅사진을 실제로 찍었다고 가정하자. 이때 $\partial^2 y/\partial t^2$이 0보다 크다면, 기타 줄의 기울기 $\partial y/\partial x$는 임의의 순간 x에 대해 증가한다. 결국 **그림 20.3**에서 보듯 기타 줄은 약간 위로 굽은 형태가 된다.

이것은 기타 줄의 오른쪽 부분에서 위쪽으로 당기는 힘이 기타 줄의 왼쪽 부분에서 아래로 당기는 힘보다 약간 크다는 뜻이다. 이때 합력은 y축의 위쪽 방향을 향한다. 간단히 말하면 위 편미분방정식에서 우변의 알짜힘은 기타 줄의 아주 작은 한 부분에서 나타나는 곡률이다.

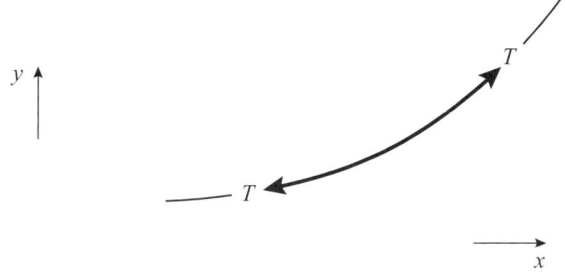

그림 20.3 기타 줄의 아주 작은 부분에 가해지는 힘

1747년에 수학자 장 르 롱 달랑베르Jean le Rond d'Alembert는 파동방정식이라 부르는 이 방정식을 유도하고 풀었다. 그가 구한 해는 놀랍게도 진행파travelling wave를 포함하고 있었다. 진행파는 그림 20.4와 같이 기타 줄을 타고 x축을 따라 일정한 모양으로 움직이는 파동이다.

특히 진행파의 속력은 $\sqrt{T/\rho}$로 기타 줄의 장력 T가 점점 커질수록 더욱 빨라진다. 사실 기타 줄의 진행파는 눈으로 보기에는 너무 빠르다. 그러나 느슨한 빨랫줄에서는 T/ρ가 훨씬 작으므로 진행파를 매우 쉽고 명확하게 볼 수 있다.

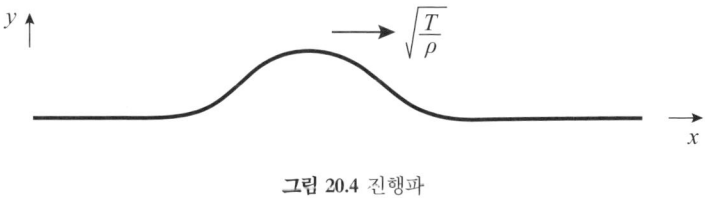

그림 20.4 진행파

줄의 진동

기타 줄에서 나는 소리를 이해하기 위해서는 조금은 다른 해를 사용할 필요가 있다.

 기타 줄의 길이가 l이라고 가정하자. 이때 기타 줄의 양 끝을 고정하면, 기타 줄 위에 위치한 한 점의 가로 위치 x는 0과 l 사이이다. 또한 양 끝이 고정된 줄이므로 양 끝 $x=0$과 $x=l$에서 줄의 세로 위치 y는 0이다.

$$\frac{\partial^2 y}{\partial t^2} = \frac{T}{\rho}\frac{\partial^2 y}{\partial x^2}$$

이제 위의 편미분방정식을 풀면 아래와 같은 해를 구할 수 있다.

$$y = A\sin\frac{\pi x}{l}\cos\omega t$$

이 식에서 ω는 상수로 잠시 후 다루겠다.

 그러므로 기타 줄 전체가 한 번 진동하는 주기는 $2\pi/\omega$이며, 기타 줄의 진폭은 x값에 대응되는 위치에 따라 다르다(그림 20.5).

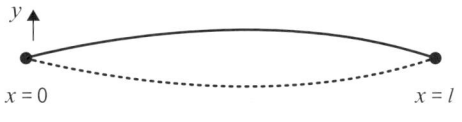

그림 20.5 기본 모드

특히 sin0과 sinπ가 0이므로 x가 0과 l인 기타 줄 양 끝에서 y는 항상 0이다(그림 16.1). 이와 같이 줄의 모든 부분이 항상 같은 방향으로 움직이는 운동을 '기본' 모드라고 한다.

기본 모드의 주파수(단위 시간당 진동수)는 다음과 같다.

$$\frac{\omega}{2\pi} = \frac{1}{2l}\sqrt{\frac{T}{\rho}}$$

이 식은 y를 19강에서 단진자를 다루면서 살펴봤던 방식과 동일하게 편미분방정식에 대입하면 즉각 나타난다.

기타 줄마다 장력 T와 밀도 ρ는 고정된 값이므로, 줄의 진동수 방정식에서 가장 주의 깊게 보아야 할 것은 기타 줄의 진동 주파수가 $1/l$에 비례한다는 사실이다. 프렛을 누르면 진동하는 기타 줄의 길이가 짧아져 높은 음이 나는 이유가 바로 이것이다.

특히 12번째 프렛을 누르면 진동하는 기타 줄의 길이가 반으로 줄어 주파수는 기본 모드 주파수의 2배가 된다. 그 결과 프렛을 누르지 않았을 때보다 한 옥타브 높은 소리가 난다. 하지만 기본 모드는 여러 진동 모드 중 하나일 뿐이다(그림 20.6).

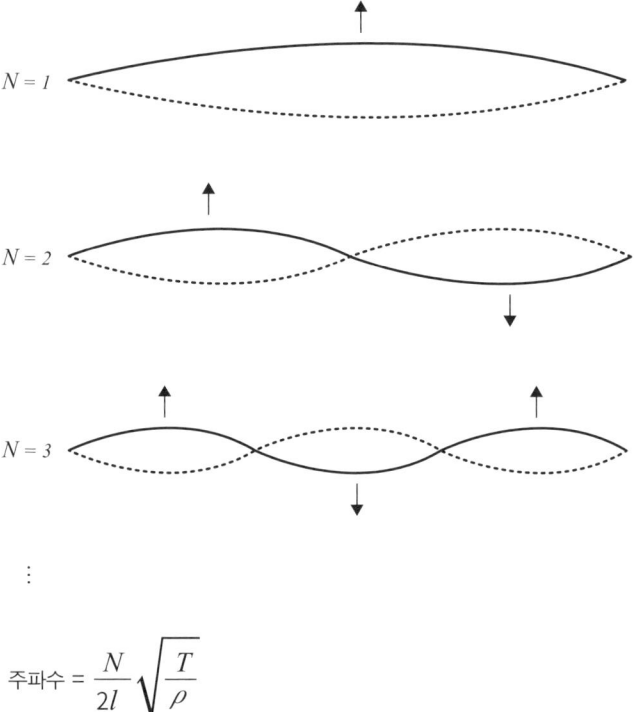

그림 20.6 다양한 진동 모드

각 모드의 진동수는 기본 모드 진동수와 마찬가지로 편미분 방정식에서 얻을 수 있는데, **그림 20.6**에서 보듯 놀랍게도 모두 기본 모드 주파수의 N배다. 이것은 줄이 움직인 높이 y가 $\sin(N\pi x/l)$에 비례하고, N이 정수일 때 줄의 오른쪽 끝인 $x=l$에서 $y=0$이 되기 때문이다(**그림 16.1** 참조).

특히 기타 줄의 양쪽 절반이 언제나 서로 반대 방향으로 움직이는 $N=2$인 모드는 기본 모드 주파수의 두 배로 진동하기에 한 옥타브 높은 소리를 낸다.

실제로 기타 줄을 쳤을 때 나는 소리는 다양한 모드의 진동 효과가 복잡하게 섞여 나는 소리다. 기본 모드가 주를 이루는 경향이 있지만 기타 줄의 끝과 가까운 부분을 튕겨서 고조파higher harmonic를 더 강조하는 것도 가능하다. 그때 나는 음은 더 날카롭고 덜 균형잡힌 소리를 낸다.

록 기타리스트들에게는 특정 진동 모드만 집중적으로 사용하는 여러 정교한 연주 기법들이 잘 알려져 있다. 이런 연주 기법들은 고차 모드higher mode에 움직이지 않는 마디가 있다는 사실을 이용한다.

종종 연주자들은 자신이 원하는 특정 모드에 맞는 마디를 의도적으로 만들기도 한다. 운이 좋다면 당신도 가능할지 모른다.

21강

∫

최단강하곡선을 찾아서

"자연은 가장 단순하고 효과적인 방식으로 작동한다."

— 피에르 페르마(1662년)

철학자이기도 했던 라이프니츠는 우리가 '모든 가능 세계 중 가장 좋은 세계'에 살고 있다고 이야기했는데, 이는 많은 논란을 불러일으켰다. 특히 1759년 프랑스 사상가 볼테르Voltaire는 그의 풍자소설 《캉디드Candide》에서 라이프니츠의 이런 생각을 비꼬았다. 하지만 당시에 우리 세계가 최적일 수 있다는 가능성은 어떤 과학적 신뢰를 받고 있었다.

예를 들어 1662년 페르마는 빛이 한 점에서 다른 한 점으로 이동할 때 가장 빠르게 도달할 수 있는 경로로 이동한다고 주장했다. 13강에서 살펴보았듯 라이프니츠는 자신의 새로운 미적분학을 이용해 빛이 경계면을 지날 때 그와 같이 행동한다는 것을 보였다(그림 21.1).

여러 사람이 그 법칙에서 벗어나는 오목거울의 빛 반사와 같은 예외 사항들을 지적하며 비판했지만, 이런 류의 생각들은 멈추지 않고 계속되다 18세기 중반에 이르러 역학에도 영향을 미쳤다. 이런 움직임은 자연스럽게 최적화 문제에 대한 새로운 수학적 관심을 불러일으켰다.

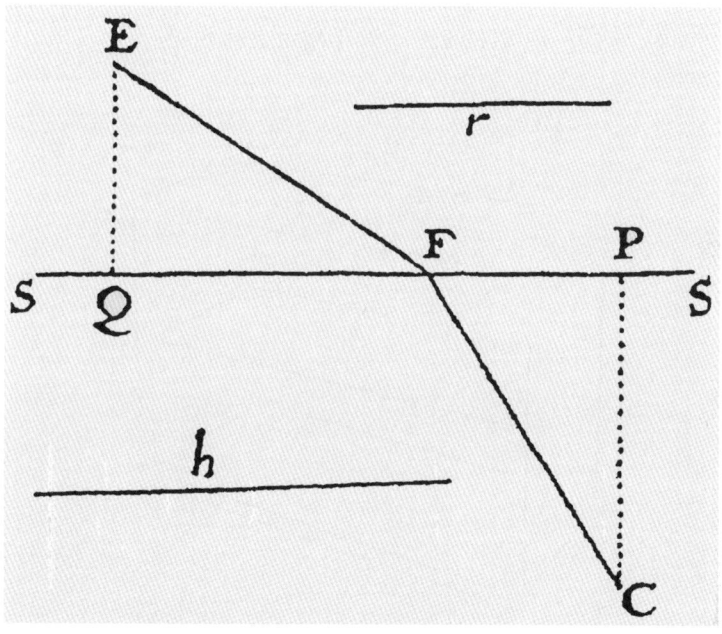

그림 21.1 라이프니츠가 1684년 논문에서 묘사한 빛의 굴절

최적화 문제를 제대로 이해하려면 6강에서 살펴본 내용을 넘어 우리의 생각을 확장시킬 필요가 있다.

편미분을 이용해 효율적으로 책장 만드는 법

먼저 최대화하거나 최소화하고 싶은 양이 두 개 이상의 변수에 의존하는 경우를 생각해보자.

6강에서 다루었던 농장의 최대 넓이 문제보다 현실적이지 않다고 여길 수도 있겠지만 최적화 문제를 좀 더 쉽게 이해할 수 있도록 특별한 문제를 예로 들어 설명하고자 한다.

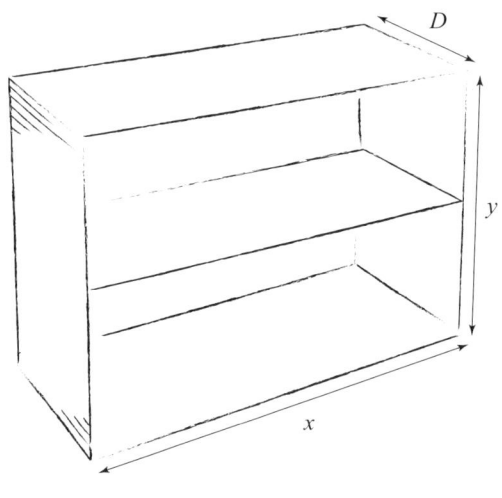

그림 21.2 두 칸 책장

오일러와 라그랑주의 변분법

우리가 최대화나 최소화하고자 하는 양이 곡선이나 곡면에 따라 달라지는 상황이면 최적화 문제는 훨씬 어려워진다.

그러한 문제 중 요한 베르누이가 1696년에 제안한 '최단강하곡선brachistochrone' 문제가 가장 널리 알려져 있다. 그 문제는 다음과 같다. 물체가 두 점 A, B 사이를 중력에 의해 하강할 때, 최단 시간에 이동할 수 있는 경로는 무엇인가?

일찍이 갈릴레오는 두 점 A, B 사이의 최단 경로인 직선이 최단강하곡선이 아님을 보였다. 하지만 그는 그 답이 원호라는 오류를 범했다.

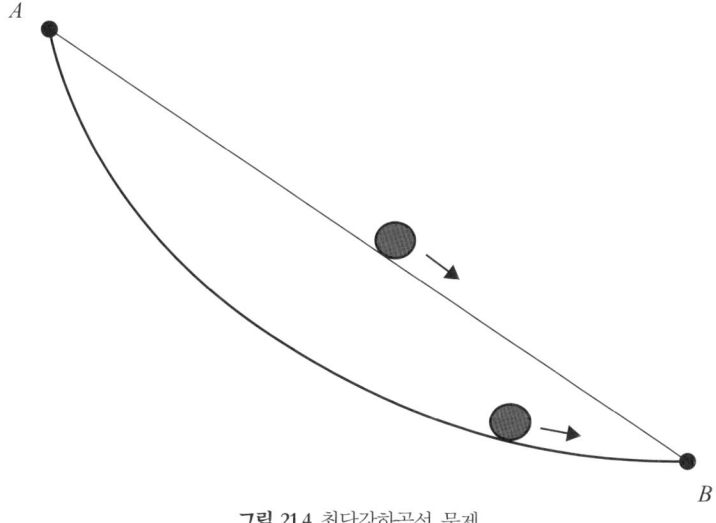

그림 21.4 최단강하곡선 문제

반면 베르누이는 **그림 21.4**와 같이 아래로 볼록한 사이클로이드cycloid가 A와 B 사이의 최단강하곡선임을 증명했다. 사이클로이드는 바퀴가 평면을 구를 때 바퀴의 테두리 위에 있는 한 점이 그리는 궤적이다.

최단강하곡선과 같은 문제를 풀려면 18세기 오일러와 조제프 루이 라그랑주Joseph-Louis Lagrange(1736~1813년)가 만든 변분법calculus of variation을 사용해야 한다. 변분법을 사용하면 우리가 원하는 극댓값이나 극솟값을 갖는 곡선이나 곡면에 관한 미분방정식을 얻을 수 있다.

예를 들어 두 개의 원형 링을 양쪽으로 잡아당겨 만든 비눗물

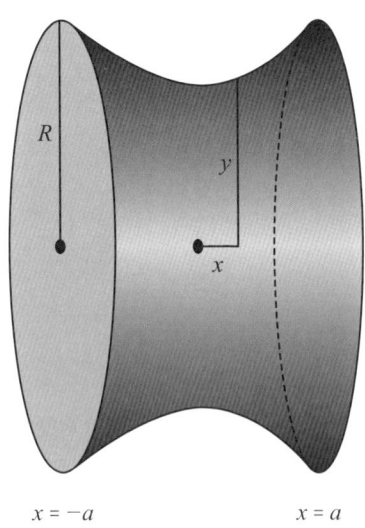

그림 21.5 두 원형 링 사이의 비눗물 막

막을 상상해보자(그림 21.5). 이때 비눗물 막은 표면적을 최소한으로 작게 유지해 표면적 에너지를 최소화하려고 한다.

그리고 변분법을 사용해 얻은 반지름 y에 대한 미분방정식은 다음과 같다.

$$y\frac{d^2y}{dx^2} - \left(\frac{dy}{dx}\right)^2 = 1$$

다음 할 일은 수학 문제를 푸는 것으로 $x=-a$ 혹은 $x=a$일 때 $y=R$이라는 경계 조건을 이용해 미분방정식을 푸는 것이다.

그런데 이 문제에서 가장 흥미로운 것은 답 자체가 아니라 $a/R>0.6627$이라면 답이 없다는 사실이다. 이는 두 개의 링이 지름의 2/3보다 더 멀리 떨어진다면 조건을 만족하는 비눗물 막이 만들어지지 않는다는 뜻이다.

실제 실험에서도 두 링의 거리를 점차 임계 값 이상으로 증가시키면, 뚜렷한 이유 없이 갑자기 막이 터져 각 링에 하나씩 두 개의 평평한 비눗물 막이 만들어진다.

22강

∫

e 라는 미스터리한 수

미적분학에는 특별한 수가 하나 있다.

$$e = 1 + 1 + \frac{1}{1 \times 2} + \frac{1}{1 \times 2 \times 3} + \frac{1}{1 \times 2 \times 3 \times 4} + \cdots$$

$$\approx 2.718$$

e 라는 수가 어떻게 생겨났는지 살펴보기 위해 질병의 확산이라는 이 수업과는 다소 어울리지 않는 이야기로 시작하려 한다.

전염병은 기하급수적으로 퍼진다

전염병이 퍼지기 시작하면 불과 몇 일만에 환자의 수가 두 배로 증가하곤 한다.

환자의 수가 두 배로 증가하는 데 걸린 시간을 단위 시간으로 가정하면, 시간 t가 0, 1, 2, 3, 4… 일 때 환자의 수는 1, 2, 4, 8, 16… 즉, 2^t로 증가한다. 이를 기하급수적인 증가 exponential growth 라고 하는데, 이는 이미 병에 걸린 사람들의 수에 비례해 새로운 환자가 증가한다는 (적어도 전염병 확산 초기에는) 매우 당연한 가정에서 얻은 수학적인 결과다.

미적분학은 이런 결과를 설명할 수 있는데, 미적분학을 통해 함수 $y=2^t$가 정수뿐만 아니라 모든 t에서 성립함을 알 수 있다. 왜냐하면 $y=2^t$의 변화율이 2^t 자체에 비례한다는 사실이 드러나기 때문이다.

미분하면 자기 자신이 나오는 함수

2를 그보다 조금 더 큰 수인 e로 바꾼 e^t는 미분 결과가 자기 자신과 같다.

$$\frac{d}{dt}(e^t) = e^t$$

이는 미적분학에서 e를 특별한 수로 만드는 핵심적인 특징이다. 또한 아래와 같은 특징이 있다.

$$e^0 = 1$$

함수 $y = e^t$은 t가 증가함에 따라 빠르게 증가한다(그림 22.1).

아마 수 e를 실제로 계산하는 가장 간단한 방법은 e^t를 무한급수로 나타내는 것이다.

$$e^t = 1 + t + \frac{t^2}{1 \times 2} + \frac{t^3}{1 \times 2 \times 3} + \frac{t^4}{1 \times 2 \times 3 \times 4} + \cdots$$

이런 특징이 맞는지 확인하는 일은 어렵지 않다. 위 무한급수에서 양변을 미분하면 다음과 같은 식을 얻을 수 있다.

$$\frac{d}{dt}(e^t) = 0 + 1 + \frac{2t}{1 \times 2} + \frac{3t^2}{1 \times 2 \times 3} + \frac{4t^3}{1 \times 2 \times 3 \times 4} + \cdots$$

우변에서 분수인 항들을 약분하면 결국 이전의 무한급수와 같기 때문에 e^t가 자기 자신의 미분 결과와 같다는 것이 손쉽게 증명된다.

또한 $t = 0$일 때 우변의 첫 번째 항을 제외한 모든 항이 0이므로 $e^0 = 1$이라는 조건도 만족한다.

이 무한급수는 임의의 t에 대해 언제나 수렴한다. 또한 t에

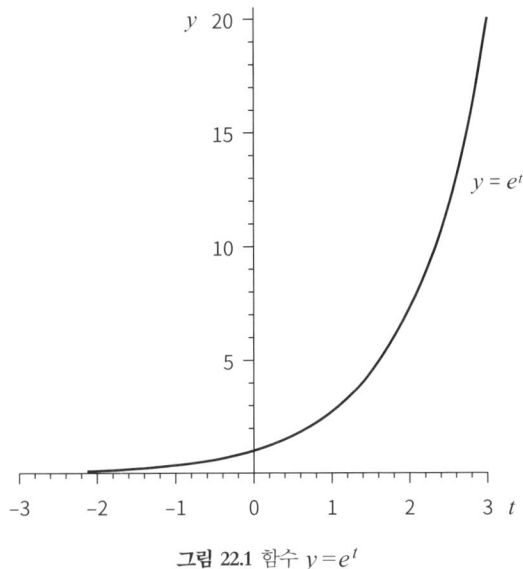

그림 22.1 함수 $y=e^t$

1을 대입하면 이번 수업의 맨 처음에 나왔던 e에 대한 무한급수를 얻을 수 있다.

$$e = 1 + 1 + \frac{1}{1 \times 2} + \frac{1}{1 \times 2 \times 3} + \frac{1}{1 \times 2 \times 3 \times 4} + \cdots$$

e에 대한 무한급수의 수렴 속도는 매우 빠르다. e에 대해 가장 많이 쓰이는 근삿값인 2.718은 처음 일곱 항만으로도 구할 수 있다.

n	처음 n항의 합
1	1
2	2
3	2.5
4	2.666 …
5	2.7083 …
6	2.7166 …
7	2.71805 …
8	2.71825 …

e를 발견한 오일러

수 e의 유래를 자세히 설명하자면 꽤 복잡하다. 그러나 간단히 이야기하면 e는 1748년에 출간된 오일러의 《무한해석입문 Introductio in Analysin Infinitorum》을 통해 세상에 알려졌다.

오일러는 e를 이번 수업의 설명과는 달리 다음과 같이 소개했다.

$$e = \lim_{n \to \infty} \left(1 + \frac{1}{n}\right)^n$$

이 식은 매우 흥미롭다. 괄호 속 값이 1보다 크기 때문에 지수가 계속 증가하면 극한이 무한대로 발산할 것처럼 보이지만, 실제로는 지수가 증가할 때 괄호 속 값은 점점 감소해 1에 가까워지므로 극한값은 유한한 값으로 수렴한다.

한 번이라도 잭팟이 터질 확률

슬롯머신에서 잭팟이 나올 확률이 1/100이라면, 게임을 백 번 했을 때 잭팟이 적어도 한 번은 나올 확률은 얼마일까? 단순히 생각하면 100퍼센트라고 말할지도 모른다.

여기서 잭팟이 한 번도 나오지 않을 확률은 다음과 같다.

$$\left(1 - \frac{1}{100}\right)^{100}$$

이 값은 e^{-1}, 즉 $1/e$로 0.37에 매우 가깝다. 그러므로 한 번이라도 잭팟이 나올 확률은 약 63퍼센트이다.

자연로그

관찰력이 뛰어난 독자라면 14강에 나왔던 x의 n제곱을 적분하는 공식에 한 가지 예외가 있음을 눈치챘을 것이다.

예외는 바로 x^{-1}, 즉 $1/x$을 적분하는 것으로, 이것을 적분하면 다소 신기하게도 밑이 e인 로그를 포함하는 완전히 다른 형태의 결과를 얻는다.

$$\int \frac{1}{x} dx = \log_e x + c \quad (c는 상수)$$

짝을 찾아서

배우자를 찾을 때 가장 좋은 전략은 가능한 전체 배우자 후보 중 최초로 만나게 될 $1/e$, 즉 37퍼센트에 해당하는 사람과 결혼하지 않고, 바로 그 다음 만나게 될 사람과 결혼하는 것이다.

솔직히 실제로 해보지는 않았다.

23강

∫

무한급수 만드는 법

오일러는 미적분학에 관한 관점을 미묘하게 바꾸었으며, 이는 오일러가 이룬 수많은 업적 가운데 하나로 여겨진다.

초기에 미적분은 기하학적인 관점에서 다뤄졌다. 곡선과 곡선의 여러 특징을 연구하는 방법으로 여겨진 것이다. 하지만 18세기에 오일러와 몇몇 사람이 대수적 관점에서 함수를 연구하는 방법으로 미적분학을 다루기 시작했다.

지금은 거의 모든 사람이 사용하는 "y는 x의 함수다."라는 뜻을 갖는 다음과 같은 기호를 도입한 것도 오일러였다.

$$y = f(x)$$

그림 23.1 오일러의 《무한해석입문》(1748년)

앞서 보았듯이 함수는 $f(x)=x^2$이나 $f(x)=\sin x$처럼 각각의 x에 고유한 y를 지정하는 규칙이다.

마찬가지로 미분을 뜻하는 아래와 같은 기호를 편리하게 사용하고 있다.

$$f'(x)=\frac{dy}{dx}, \quad f''(x)=\frac{d^2y}{dx^2}$$

갑자기 기호에 관한 이야기를 꺼낸 이유는 이런 기호들이 무한급수와 연관돼 있기 때문이다.

내가 22강에서 e^t에 대한 무한급수를 덜컥 보여주었을 때, 여

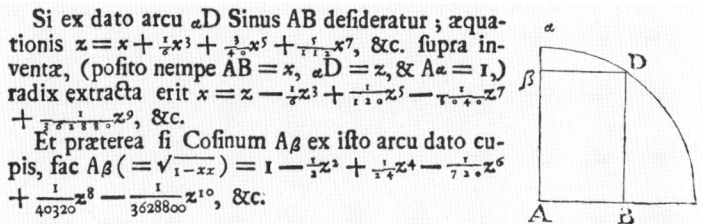

그림 23.2 뉴턴의 〈무한급수에 의한 해석학에 관하여〉(1669년 저술, 1711년 출간)에 실린 $\sin\theta$와 $\cos\theta$에 대한 무한급수. 그림에서 z와 x는 각각 θ와 $\sin\theta$를 나타낸다.

러분은 아마도 마치 마술사가 모자 속에서 토끼를 꺼내는 장면을 보는 듯한 느낌이었을 것이다.

우리는 그림 23.2에서 뉴턴이 1669년에 $\sin\theta$와 $\cos\theta$에 대한 무한급수를 얻었다는 사실을 알 수 있다. 그는 천재적이기는 했지만 일반적으로 적용하기에 어려운 임시변통의 방법을 이용했다.

그러므로 주어진 함수를 무한급수로 나타내는 좀 더 쉽고 일반적인 방법은 없는지 궁금해하는 것은 자연스러운 반응이다.

테일러급수

함수 $f(x)$를 아래와 같은 형태로 쓴다고 가정해보자.

$$f(x) = A + Bx + Cx^2 + Dx^3 + \cdots$$

그러면 아마도 머릿속에 바로 다음과 질문이 떠오를 것이다. '상수 $A, B, C \cdots$ 를 어떻게 알 수 있을까?'

놀랍게도 그 상수들을 알아낼 수 있는 매우 간단한 방법이 있다. 그 방법은 아래와 같이 x에 대해 함수를 반복적으로 미분하는 것이다.

$$f'(x) = B + 2Cx + 3Dx^2 + \cdots$$
$$f''(x) = 2C + 2 \cdot 3Dx + \cdots$$
$$f'''(x) = 2 \cdot 3D + \cdots$$

마지막으로 이 모든 방정식의 x에 0을 대입하면 아래와 같은 결과가 즉각 도출된다.

$$A = f(0), \, B = f'(0), \, C = \frac{1}{2}f''(0), \, D = \frac{1}{2 \cdot 3}f'''(0)$$

이렇게 구한 $A, B, C, D \cdots$ 를 주어진 함수에 넣어 정리하면 다음과 같다.

$$f(x) = f(0) + xf'(0) + \frac{x^2}{1 \cdot 2}f''(0) + \frac{x^3}{1 \cdot 2 \cdot 3}f'''(0) + \cdots$$

수렴과 같은 곤란한 질문들을 고려하지 않는다면, 함수를 무한급수로 나타내기 위한 핵심은 특정 값에서 함수와 함수의 미분

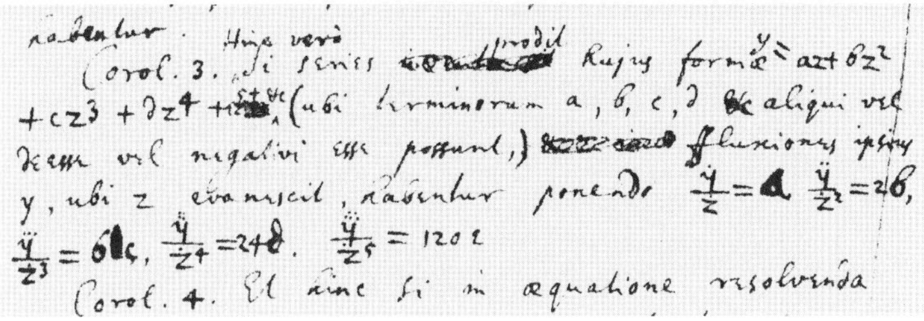

그림 23.3 뉴턴은 1691~1692년 $f(0)=0$인 경우에 대해 테일러급수를 발견했다. 14강에서 설명한 것처럼 변수 t에 대한 미분을 나타나기 위해 기호 · 을 사용했다.

값을 아는 것이다. 우리가 살펴본 예는 $x=0$인 경우였다.

지금까지 설명한 무한급수는 1715년 이와 같은 결과를 발표했던 영국 수학자 브룩 테일러Brook Taylor의 이름을 따서 테일러급수Taylor series라고 부른다. 그러나 사실 1671년 제임스 그레고리도 이 결과를 이미 알고 있었던 것으로 보이며 뉴턴이 1691~1692년에 쓴 미발표 논문에도 같은 추론에 의해 도달한 무한급수가 나온다(그림 23.3).

실제 사용되는 테일러급수 가운데 가장 간단한 예는 아마도 $f(x)=e^x$일 것이다. $x=0$일 때, $f(x)$와 이 함수를 연속해서 미분한 모든 값이 1이기 때문이다. 따라서 이 함수를 테일러급수로 표현하면 아래와 같이 22강에서 본 무한급수가 된다.

$$e^x = 1 + x + \frac{x^2}{1 \cdot 2} + \frac{x^3}{1 \cdot 2 \cdot 3} + \cdots$$

함수 sin$x$와 cos$x$도 이런 방법을 쉽게 적용할 수 있는데, **그림 16.1**의 결과를 반복해서 적용하면 다음과 같은 급수를 얻을 수 있다.

$$\sin x = x - \frac{x^3}{1 \cdot 2 \cdot 3} + \frac{x^5}{1 \cdot 2 \cdot 3 \cdot 4 \cdot 5} - \cdots$$

$$\cos x = 1 - \frac{x^2}{1 \cdot 2} + \frac{x^4}{1 \cdot 2 \cdot 3 \cdot 4} - \cdots$$

사실 내가 이 두 급수를 e^x에 대한 무한급수 다음에 배치한 데는 특별한 이유가 있다.

24강

∫

허수와 유체역학

1748년 오일러는 미적분학을 완전히 다른 방향으로 해석해 **그림 24.1**과 같이 e와 삼각함수를 연결 짓는 놀라운 결과를 이끌어냈다.

$$e^{i\theta} = \cos\theta + i\sin\theta$$

그림 24.1 e와 삼각함수의 놀라운 관계

여기에서 가장 놀라운 특징은 허수 i의 등장이다.

$$i = \sqrt{-1}$$

사실 당시 많은 수학자가 허수의 존재를 의심했다.

23강에서 배운 e^x에 대한 무한급수에 과감하게 $i\theta$(θ는 실수)를 대입하면 어떻게 이런 결과가 도출됐는지 이해할 수 있다.

대입 후 $i^2 = -1$을 반복해서 적용하고 실수항과 허수항을 구분해서 묶어주면 다음과 같다.

$$e^{i\theta} = \left(1 - \frac{\theta^2}{2} - \frac{\theta^4}{2 \times 3 \times 4} - \cdots\right)$$

$$+ i\left(\theta - \frac{\theta^3}{2 \times 3} + \frac{\theta^5}{2 \times 3 \times 4 \times 5} - \cdots\right)$$

각 괄호 속에 있는 두 무한급수는 23강의 끝에서 설명한 $\cos\theta$와 $\sin\theta$이므로 **그림 24.1**의 식을 얻을 수 있다.

여기에 $\theta = \pi$를 대입해 얻은 결과는 수학을 통틀어 가장 놀랍고 아름다운 공식으로 손꼽힌다.

그런데 왜 가장 아름답다고 할까? 그것은 바로 세 가지 특별한 숫자 e, i, π가 놀라운 방식으로 하나의 식에 모두 들어 있기 때문이다. 다소 이상한 사실은 이처럼 멋진 공식이 오일러가 쓴 어떤 문서에도 나오지 않는다는 점이다.

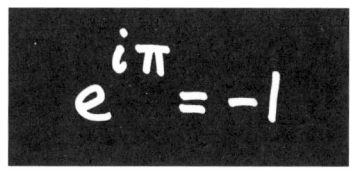

그림 24.2 세상에서 가장 아름다운 공식이 아닐까?

복소함수

1800년경 다음과 같은 복소수의 개념이 일반화되었다.

$$z = x + iy$$

여기에서 x와 y는 실수다. 이 시대의 수학자들은 **그림 24.3**과 같이 복소수를 실수 축과 허수 축으로 이루어진 복소평면 위의 점으로 시각화해 나타내기 시작했다.

시간이 좀 더 지난 1820년경, 프랑스 수학자 오귀스탱 루이 코시Augustin Louis Cauchy는 복소변수 z에 대한 복소함수의 미적분을 연구하기 시작했다.

이 연구는 복소함수를 z에 대해 미분하는 핵심 아이디어를 담고 있었는데, z의 함수인 w가 복소함수인 경우 z에 대한 w의 미분은 다음과 같다고 제안했다.

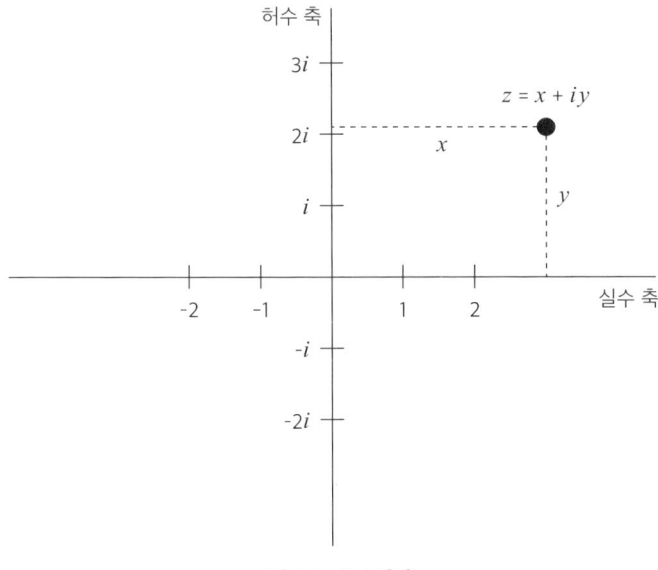

그림 24.3 복소평면

$$\frac{dw}{dz} = \lim_{\delta z \to 0} \frac{\delta w}{\delta z}$$

이 정의는 의심 없이 명백해 보이지만, 실제로는 그렇지 않다. 대략적으로 말해 복소평면에서는 여러 다른 방향에서 z에 접근할 수 있다. 그러므로 우리는 원리적으로 여러 다른 경로에서 극한 $\delta z \to 0$를 취할 수 있다. 서로 다른 이 모든 접근이 같은 극한 값을 가져야 하지만, 점 z에만 의존하는 dw/dz가 광범위한 값을 가지며, 때로는 아주 기이한 값을 가진다는 사실이 드러났다.

복소함수의 활용

항공역학에 관한 연구가 시작된 지 얼마 되지 않았던 20세기 초부터 복소함수의 연구 결과가 항공역학에서 사용되기 시작했다.

항공역학에서 풀고자 했던 문제가 하나 있었는데, 그것은 "날개 주변의 공기 흐름 패턴을 어떻게 알 수 있을까?"라는 문제였다.

물론 이론적으로만 생각하면 유체 운동에 관해 적당한 미분방정식을 세우고 풀면 문제는 해결할 수 있다. 그러나 실제로는 복잡한 날개 모양 때문에 수학적으로 풀기가 매우 어렵다(그림 24.4).

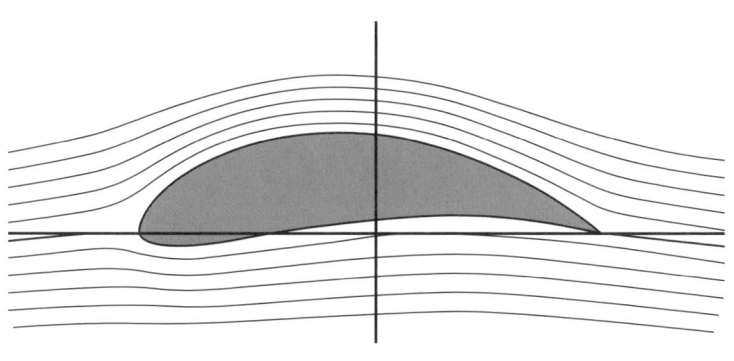

그림 24.4 날개를 지나쳐가는 공기 흐름

이에 반해 원형 실린더 주변의 공기 흐름에 관한 문제는 수학적

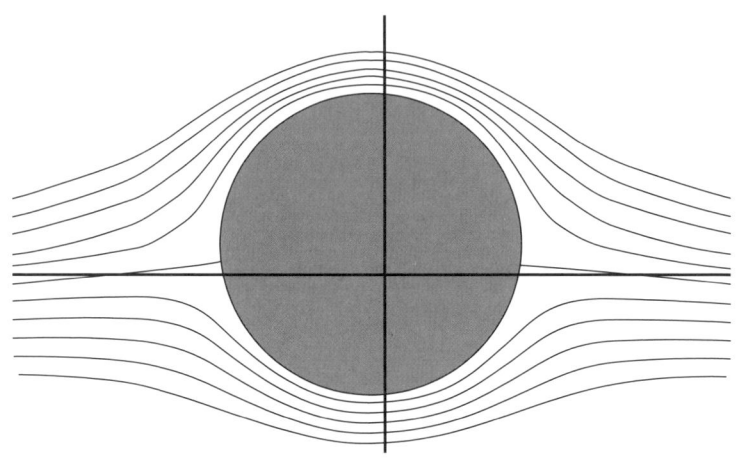

그림 24.5 원형 실린더 주변의 공기 흐름

으로 훨씬 분석하기 쉽다(그림 24.5).

그런데 매우 놀랍게도, 공기 흐름 모양을 복소평면상의 곡선으로 생각하면 간단한 변형을 적용해 날개 주변을 흘러 지나가는 공기 흐름의 패턴을 알아낼 수 있다.

즉, 실생활과 관련된 유체역학 문제를 복소평면을 사용해 풀 수 있다. 그 방법은 복소평면에서 문제를 교묘히 변형한 후, 다시 복소평면 밖으로 나와 문제를 해결하는 것이다.

25강

∫

무한대를 주의하라

"코시는 미쳤다. 그러나 지금 이 순간 수학을 어떻게 연구할지 아는 사람도 코시밖에 없다."

— 노르웨이 수학자 닐스 아벨 Niels Abel (1826년)

19세기 코시를 포함한 여러 명의 수학자는 미적분학의 기초를 더욱 튼튼히 다지기 위해 여러 가지 노력을 했다.

그리고 그들의 연구 가운데 상당수는 어떤 식으로든 무한대와 연관돼 있다. 그런데 사실 무한대는 잘못 다루면 매우 위험할 수 있다.

절반이 사라지는 기묘한 속임수

무한대를 잘못 다루었을 때 어떤 문제가 있을 수 있는지 다음 무한급수를 예로 들어 설명한다.

$$1 - \frac{1}{2} + \frac{1}{3} - \frac{1}{4} + \frac{1}{5} - \frac{1}{6} + \cdots$$

이 무한급수는 라이프니츠의 무한급수와 비슷해 보이지만, 분모로 홀수만이 아닌 모든 양의 정수를 사용했다는 점에서 라이프니츠의 무한급수와 다르다.

  이 무한급수는 수렴하며, 그 값은 $\log_e 2 = 0.693\cdots\cdots$으로 알려져 있다.

  주어진 무한급수에서 다음과 같이 두 개의 음수 항들을 한 개의 양수 항 뒤에 놓는 방식으로 항의 순서를 바꾼 후 묶어서 더한다고 가정하자.

$$\left(1 - \frac{1}{2}\right) - \frac{1}{4} + \left(\frac{1}{3} - \frac{1}{6}\right) - \frac{1}{8} + \left(\frac{1}{5} - \frac{1}{10}\right) - \frac{1}{12} + \cdots$$

이때 어떤 항도 빠트리거나 새로 넣지 않도록 주의해야 한다. 또한 어떤 항도 원래의 부호를 바꾸어서는 안 된다.

  항의 순서를 바꾸어 얻은 무한급수는 당연히 원래의 무한급수와 같은 값으로 수렴해야 하지만 이 경우에는 그렇지 않다.

괄호 안을 정리하면 새로운 무한급수를 다음과 같이 쓸 수 있다.

$$\frac{1}{2} - \frac{1}{4} + \frac{1}{6} - \frac{1}{8} + \frac{1}{10} - \frac{1}{12} + \cdots$$

그리고 위 무한급수는 다음과 같이 정리할 수 있다.

$$\frac{1}{2}\left(1 - \frac{1}{2} + \frac{1}{3} - \frac{1}{4} + \frac{1}{5} - \frac{1}{6} + \cdots\right)$$

이 무한급수는 놀랍게도 처음 주어진 무한급수의 절반이다!

다시 말해 0.693……의 절반이 우리도 모르는 사이에 사라진 것이다.

속임수 트릭 파헤치기

이런 '사라지는 속임수'는 1854년 독일 수학자 베른하르트 리만 Bernhard Riemann이 발견했다. 이 속임수를 이해하기 위해 처음 주어진 무한급수를 다음과 같이 양수로만 이루어진 무한급수와 음수로만 이루어진 무한급수로 나누어 생각해보자.

$$1 + \frac{1}{3} + \frac{1}{5} + \frac{1}{7} + \cdots$$

그리고

$$-\frac{1}{2} - \frac{1}{4} - \frac{1}{6} - \frac{1}{8} - \cdots$$

무한급수를 다룰 때 자주 사용하는 방법에 따라 처음 n항의 합을 S_n이라고 하고 n이 무한대에 가까워진다고 가정한다.

이 각각의 무한급수는 9강에 나왔던 몇몇 무한급수처럼 특정한 값으로 수렴하지 않는다.

첫 번째 무한급수의 경우 $n \to \infty$일 때, $S_n \to \infty$이며, 두 번째 무한급수의 경우 $n \to \infty$일 때, $S_n \to -\infty$이다.

이제 양과 음의 무한대로 발산하는 두 무한급수를 합칠 때 어떤 방식으로 합치느냐에 따라 결정적으로 결과가 달라질 수 있다는 점은 그리 놀랍지 않을 것이다.

리만은 주어진 무한급수의 양과 음의 항을 정교하게 배치하면 원하는 모든 극한값으로 수렴하게 만들 수 있다는 사실을 보여주었다.

푸리에급수

이번에는 다음과 같이 기존과는 매우 다른 모양의 무한급수를 살펴보려 한다.

$$y = \sin x + \frac{1}{3}\sin 3x + \frac{1}{5}\sin 5x + \cdots$$

이 급수는 1820년대 파리에서 활동했던 조제프 푸리에Joseph Fourier의 열전도 연구에 나온다.

이 급수는 지금까지 우리가 살펴본 단순히 x의 거듭제곱으로 이뤄진 무한급수와 달리 그 각각의 항이 x의 연속함수로 이뤄져 있다. y는 연속함수들의 합이므로 y 역시 연속함수라고 생각하는 것이 합리적으로 보인다. 그러나 사실 그렇지 않다!

x를 변화시키며 y를 구하면, y는 x가 π의 정수배일 때만 0일 뿐, 그 외의 모든 경우에는 $\pi/4$ 혹은 $-\pi/4$가 된다. 따라서 푸리에가 만든 무한급수는 **그림 25.1**과 같은 사각형 모양의 그래프로 그려진다.

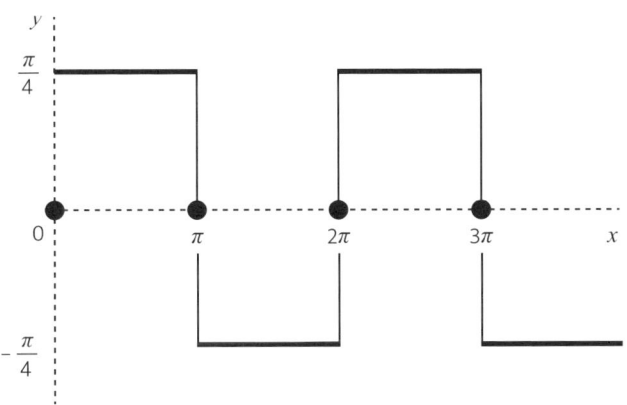

그림 25.1 사각형 모양의 그래프

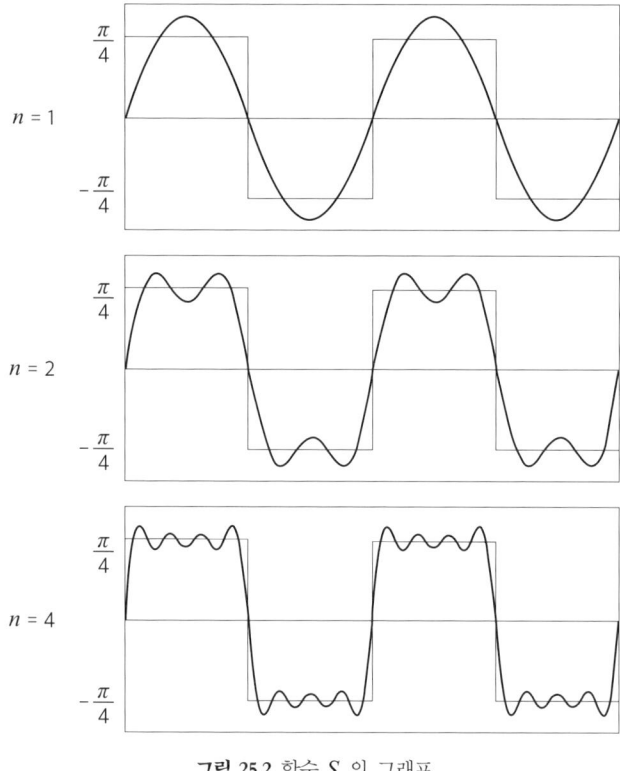

그림 25.2 함수 S_n의 그래프

다르게 말하면, 함수 y는 x가 π의 정수배가 될 때마다 널뛰기를 한다.

푸리에급수Fourier series에서 처음 n항의 합인 S_n을 잘 살펴보면 어떤 일이 일어날지 약간의 힌트를 얻을 수 있다. **그림 25.2**에는 함수 S_n의 그래프 세 개가 그려져 있다. 작은 샘플이지만 이를 근거로 모든 x에 대해 $n \to \infty$일 때, S_n이 $-\pi/4, 0, \pi/4$에 가까워질 것이라고 예상할 수 있다.

하지만 여전히 확신이 서지 않는다면, 특별히 $x=\pi/2$인 경우를 생각해보자. 푸리에급수에서 x에 $\pi/2$를 대입하면 푸리에급수는 다음과 같이 17강에서 소개했던 유명한 라이프니츠 급수가 되기 때문에 $\pi/4$에 가까워진다는 것을 쉽게 보일 수 있다.

$$1 - \frac{1}{3} + \frac{1}{5} - \frac{1}{7} + \cdots = \frac{\pi}{4}$$

극한을 구하는 과정으로 본 미분과 적분

이렇듯 극한은 무한급수를 올바르게 이해하기 위한 핵심 개념이다. 그런데 우리가 5강에서 살펴보았듯 미분은 본질적으로 극한을 구하는 과정이다.

$$\frac{dy}{dx} = \lim_{\delta x \to 0} \frac{\delta y}{\delta x}$$

그리고 미분뿐만 아니라 적분도 극한을 구하는 과정이라고 생각할 수 있다. 예를 들어 $x=a$와 $x=b$ 사이의 곡선 아래 면적을 구하는 문제를 생각해보자. 이 과정은 일반적으로 다음과 같이 나타낸다.

$$\int_a^b y\,dx$$

이 문제는 페르마에 의해(어느 정도는 아르키메데스에 의해) 합의 극한으로 세상에 알려졌다(그림 25.4).

우리는 이 수업에서 자주 적분을 미분되돌리기로 다뤘다. 흔히 마주치는 수학이나 과학 문제에서도 적분이 미분되돌리기인 경우를 자주 보았기 때문이기도 하고, 그림 8.1에서 설명했던 미적분학의 기본정리 때문이기도 하다.

그러나 8강에서 설명한 미적분학의 기본정리와 증명은 y가 x의 연속함수일 때만, 즉 그래프에 끊어진 곳이 없을 때만 성립한다. 그런데 19세기 중반 무렵 수학자들은 훨씬 일반적이고 모양도 이상하게 생긴 함수의 적분에 관심을 가지기 시작했다.

아무튼 코시와 리만은 미적분학의 토대를 튼튼히 만들기 위해 노력하면서 이를 위해 적분을 미분되돌리기가 아닌 '합의 극한'으로 정의했다.

이외에도 다중극한multiple limits을 다루는 절차에서 여러 미묘한 문제가 나타났다.

예를 들어 23강에서는 계수 $A, B, C, D\cdots$ 를 구하기 위해 각 항을 미분하는 방식으로 계수가 포함된 무한급수를 미분했다. 그러나 이는 사실상 두 극한 과정의 순서($n \to \infty$와 $\delta x \to 0$)를 역전시킨 것으로 많은 경우 잘못된 결과를 얻을 위험이 있다.

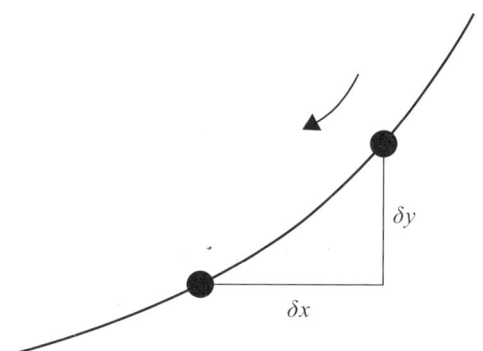

그림 25.3 극한을 구하는 과정으로 본 미분

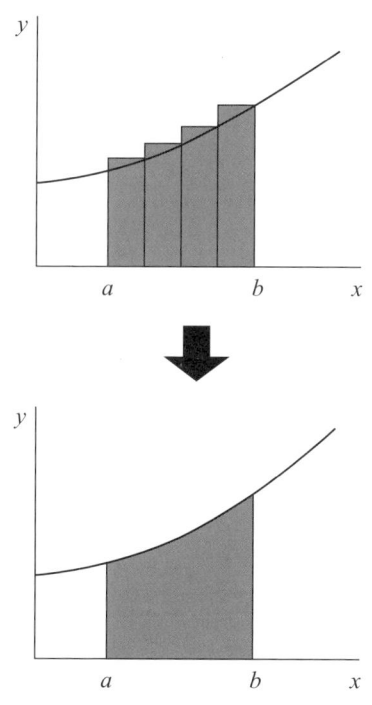

그림 25.4 극한을 구하는 과정으로 본 적분

19세기의 수학자들이 이런 미묘한 문제를 붙들고 씨름하고 있었지만 여전히 가장 중요한 문제는 남아 있었다.

도대체 극한이란 정확히 무엇일까?

26강

∫

극한이란
정확히 무엇인가?

"대략 15명에서 20명이나 되는 많은 학생이 난이도와 수준이 매우 높은 바이어슈트라스 교수의 수업을 좋아한다니 놀라울 뿐이다."

— 카를 바이어슈트라스의 동료(1875년)

$$x \to \infty 일 때, y \to 0$$

"x가 무한대로 증가할 때, y의 극한은 0이다."라는 말은 정확히 무엇을 의미할까?

이 문제를 좀 더 꼼꼼히 따져보기 위해 우선 y가 언제나 0보다 크다고 가정해보자.

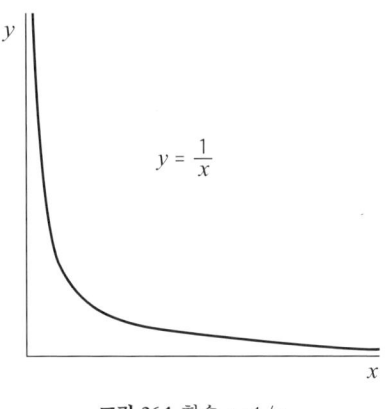

그림 26.1 함수 $y=1/x$

이때 내 머릿속에 제일 먼저 떠오르는 함수는 $y=1/x$다(그림 26.1). 직관적이기는 하지만 왜 우리는 $x \to \infty$일 때, $y \to 0$이라고 그렇게 확신하는 것일까?

"x가 증가할 때, y가 점점 0에 가까워지기 때문이다."

아마 위와 같이 답을 하겠지만, 확실히 이 답은 충분하지 않다. 예를 들어 함수 $y=1+(1/x)$은 x가 무한대로 증가할 때 y가 점점 0에 가까워지지만, 0에 수렴하지는 않기 때문이다.

더 나은 답변은 다음과 같을 것이다.

"충분히 큰 x를 선택하면, y를 우리가 원하는 만큼 0에 가깝게 만들 수 있다."

여러분이 알아차렸는지는 모르겠지만 지금까지 우리의 수업에서 나는 이런 식의 사고법을 종종 사용해왔다. 하지만 이런 생각에도 여전히 문제가 있다.

문제는 다음과 같이 정의된 함수에서 발생한다.

$$y = \begin{cases} 1/x & (x\text{가 정수가 아닐 때}) \\ 1 & (x\text{가 정수일 때}) \end{cases}$$

이 함수의 모양은 x가 정수일 때마다 y가 1로 뛰어오른다는 점만 빼고는 **그림 26.1**의 그래프와 매우 비슷하다.

다소 억지로 만든 듯한 느낌을 주지만, 분명 함수의 정의를 완벽히 만족하는 x의 함수다. 이 함수는 절대 수렴하지 않으므로 "x가 무한대로 증가할 때, y의 극한은 0이다."라는 직관적인 생각과 전혀 맞지 않는다. 그러나 당황스럽게도 x를 정수로 고르지만 않는다면, 충분히 큰 x를 선택해 y를 우리가 원하는 만큼 0에 가깝게 만들 수 있다.

이런 문제를 없애기 위해 다음과 같이 정의를 한 번 더 다듬어보자.

"충분히 큰 수보다 더 큰 모든 x에 대해 우리가 원하는 만큼 y를 0에 가깝게 만들 수 있다."

이제 남아 있는 문제는 '충분히 큰'과 '우리가 원하는 만큼 가깝게'라는 표현이 엄격한 수학 연구에 사용되기에는 부적합해 보인다는 점이다. 따라서 다음과 같이 다시 다듬어보자.

"임의의 양수 ε이 주어졌을 때, X보다 큰 값을 가지는 모든 x에 대해 $y < \varepsilon$을 만족하는 양수 X가 존재한다."

이 정의에는 ε이 아무리 작아도 상관없다는 가정이 숨어 있지만, '임의'라는 핵심 표현이 있으므로 이런 가정을 명시적으로 언급할 필요는 없다. 이제 드디어 우리의 간단한 예였던 $y = 1/x$에 들어맞는 정의가 제안되었다. 임의의 양수 ε이 주어진 경우, $1/\varepsilon$보다 큰 모든 x에 대해 함수 $y = 1/x$은 ε보다 작다는 것을 알 수 있다.

마지막으로 좀 더 쉬운 설명을 위해 제안한 y가 언제나 양수라는 가정을 없애고자 한다. 예를 들어 **그림 26.2**와 같이 x가 무한대로 증가할 때 y는 위아래로 진동하며 0으로 수렴하는 경우도 있다.

다행히 이 마지막 일은 매우 쉽다. $y < \varepsilon$을 $-\varepsilon < y < \varepsilon$으로 바꾸기만 하면 된다.

마침내 극한이라는 생각을 엄격한 토대 위에 놓은 이런 접근법은 19세기 말 독일 수학자 카를 바이어슈트라스Karl Weierstrass의 공이었다.

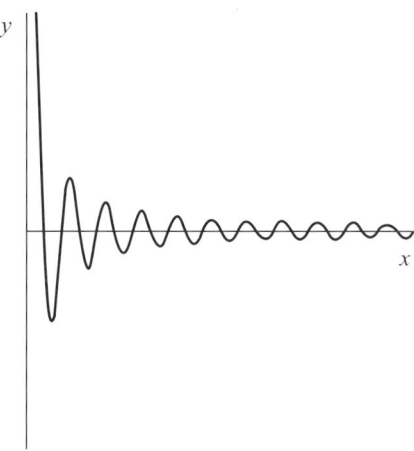

그림 26.2 감쇠진동

바이어슈트라스 이전의 수학자들이 극한의 개념에 얼마나 가까이 다가갔었는지 살펴보는 것은 상당히 재미있는 일이다.

먼저 뉴턴은 1687년에 《프린키피아》에서 어떤 값에 가까이 다가가는 것에 대해 다음과 같이 썼다.

"임의의 주어진 어떤 차이보다 더 가까이"[7]

얼마 후인 1765년에 달랑베르는 양quantity의 극한이라는 개념을 제한했다.

"하나의 값이 특정한 값에 주어진 어떤 양보다 가까이 접근하는 경우."

이에 반해 바이어슈트라스는 '가까이 간다면' 대신 부등호를 집중적으로 사용하여 극한을 설명했다. 이런 관점에서 볼 때, 그의 설명은 2000년 전의 수학자 아르키메데스와 에우독소스의 생각까지도 희미하게나마 포함하고 있다. 그러나 궁극적으로 바이어슈트라스의 업적은 과거가 아닌 미래를 향한 일이었으며, 미적분학뿐만 아니라 수의 개념에서도 그 토대를 굳건히 했다.

이번 수업을 끝마치기 전에 한 가지를 덧붙여 말하고자 한다. 3강에서 나는 무한소라는 수가 무엇인지 도대체 모르겠다고 이야기했었다.

그러나 오늘날에는 비표준 해석학non-standard analysis이라는 분야에서 그런 수를 다루는 수학자들이 있다. 참고로 비표준 해석학은 1960년대 수학자 에이브러햄 로빈슨Abraham Robinson이 시작했다.

내가 생각하기로는 미적분학의 기초와 토대를 제대로 이해하려면 극한과 무한소라는 두 생각 중 하나는 이해해야 한다. 대부분의 수학자는 둘 가운데 첫 번째 것을 선택해왔다. 적어도 지금까지는 그렇다. 그러나 어느 쪽이든 선택은 우리의 몫이다.

27강

∫

자연의 방정식

미적분학에 대한 길지 않은 이 수업도 이제 막바지를 향해가고 있다. 지금부터는 다시 미적분의 응용으로 돌아가 편미분방정식을 집중적으로 살펴보고자 한다. 왜냐하면 편미분방정식은 매우 놀라운 방식으로 현대 과학의 중심에 위치하고 있기 때문이다.

빛은 전자기 현상이다

스코틀랜드의 물리학자 제임스 클러크 맥스웰James Clerk Maxwell은 1865년에 전자기에 대한 수학 이론을 형식화했다.

특히 그는 전기장과 자기장이 동일한 편미분방정식을 만족한다는 사실을 발견했다. 이 편미분방정식을 가장 간단한 형태로 쓰면 다음과 같다.

$$\frac{\partial^2 y}{\partial t^2} = \frac{1}{\mu_0 \varepsilon_0} \frac{\partial^2 y}{\partial x^2}$$

위 식에서 μ_0와 ε_0는 전자기 상수로 맥스웰이 활동했던 19세기에도 실험을 통해 상당히 정확한 값이 알려져 있었다.

이 방정식이 상당히 친숙하다면, 그것은 아마도 이 방정식이 20강에서 살펴봤던 기타 줄의 진동에 관한 편미분방정식과 수학적으로 정확히 같기 때문일 것이다.

정확히 말해 두 편미분방정식의 유일한 차이는 상수 T/ρ 대신 $1/\mu_0 \varepsilon_0$을 사용했다는 정도다.

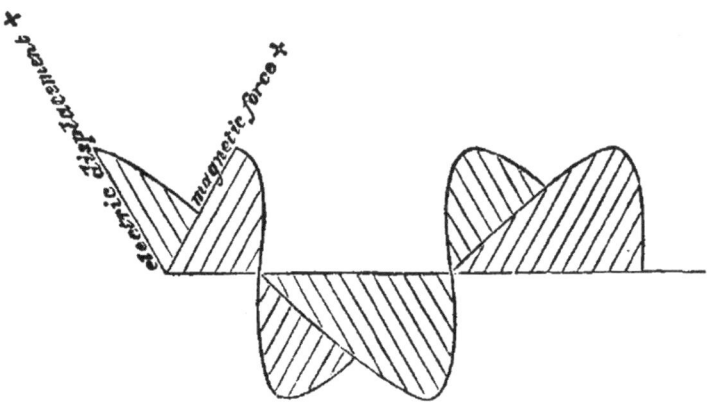

그림 27.1 《전기와 자기의 이론 Treatise on Electricity & Magnetism》(1873년)에서 맥스웰이 묘사한 전자기파

이런 이유로 맥스웰은 전기장과 자기장에 관한 편미분방정식의 해가 파형이며, 전자기파가 $1/\sqrt{\mu_0 \varepsilon_0}$의 속도로 이동한다는 사실을 바로 알아차렸다. 게다가 이렇게 알아낸 전자기파의 속도가 측정된 빛의 속도와 매우 비슷했기 때문에 맥스웰은 빛이 전자기적 현상이라고 결론 내렸다.

이처럼 미적분학은 과학의 역사에서 가장 위대한 발견으로 손꼽히는 맥스웰의 이론에서 매우 중요한 역할을 했다.

양자역학과 파동방정식

맥스웰의 발견 뒤 약 60년이 지난 1920년대의 물리학계는 양자역학의 출현으로 다시 한번 큰 변화를 맞이했다.

이런 변화는 부분적으로 몇몇 실험에 의해 촉발되었다. 이 실험들은 빛을 파동wave이 아닌 아주 작은 양의 에너지를 갖는 일련의 입자, 즉 광자photon로 간주해야만 설명할 수 있었다.

$$E = h\nu$$

광자의 에너지를 나타내는 이 식에서 ν는 빛의 진동수이고, h는 플랑크 상수(6.626×10^{-34} J·s)다.

다소 이상하게 들릴지 모르지만 앞의 실험과 반대로 전자와 같은 입자를 이용한 몇몇 실험들은 입자를 파동으로 봐야만 설명이 가능하다.

이런 이유로 양자역학에서는 움직이는 입자를 제한된 크기를 가진 작은 파동 묶음으로 생각하는 것도 도움이 된다(그림 27.2).

1926년 에르빈 슈뢰딩거Erwin Schrödinger는 양자역학의 파동을 기술하기 위해 미분방정식으로 쓰여진 파동함수 ψ를 도입했다.

다음은 퍼텐셜 V로 x축에서 움직이는 무게 m인 단일 입자를 기술하는 슈뢰딩거 방정식이다.

$$i\hbar\frac{\partial \psi}{\partial t} = -\frac{\hbar^2}{2m}\frac{\partial^2 \psi}{\partial x^2} + V\psi \quad \left(\hbar = \frac{h}{2\pi}\right)$$

이 슈뢰딩거의 파동방정식을 보면 편미분방정식이 물리학 이론에서 매우 중요한 역할을 한다는 것을 다시 한번 깨닫는다.

그런데 식을 보면 매우 특이하게도 허수 i가 미분방정식에 포

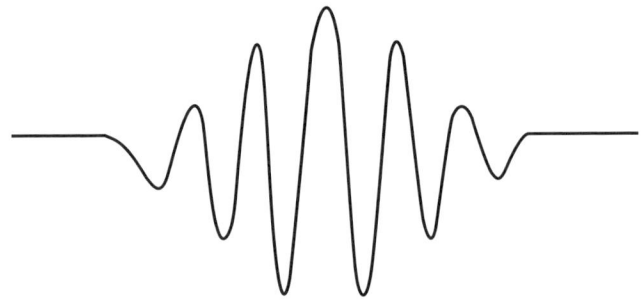

그림 27.2 양자 파동 묶음

함되어 있다. 그러므로 파동함수 ψ는 x와 t에 의존하는 실수부와 허수부를 갖는 복소함수다.

이것은 말할 것도 없이 흔히 보는 파동방정식과는 매우 다르다. 특히 3차원 슈뢰딩거 방정식은 수소 원자에서 전자의 에너지 준위를 성공적으로 설명하였다.

$$E_N = -\frac{hcR_0}{N^2}$$

이 식에서 c는 빛의 속도이고, R_0는 뤼드베리상수 Rydberg's constant ($1.097 \times 10^7 \text{m}^{-1}$)이다. 가장 중요한 점은 N이 1, 2, 3…과 같은 양의 정수라는 사실이다.

이에 따라 에너지 준위는 양자화될 수 있다. 그리고 이렇게 양자화된 에너지 준위를 보고, 20강에서 살펴본 서로 다른 주파수로 진동하는 기타 줄을 떠올렸다면 지금까지의 설명을 잘 이해하고 있다는 뜻이다. 왜냐하면 슈뢰딩거도 다음과 같이 말했기 때문이다.

"진동하는 줄의 진동수가 마디의 수에 따라 달라지듯 수소 원자도 같은 방식으로 생각할 수 있음을 보여주고 싶다."[9]

초음속 비행에서 무슨 일이 일어날까?

20세기에는 유체역학을 포함한 고전 물리학 또한 크게 발전했다. 특히 1950년대에는 초음속 비행에 관한 관심이 매우 높을 때였다.

오늘날 사람들 대부분은 비행기가 음속보다 빠르게 날기 시작하면 어떤 일이 일어나는지를 알고 있다. 그런데 이런 현상을 수학으로 어떻게 설명할 수 있을까?

그 답은 매우 간단한데, 만약 우리가 비행기를 타고 있다면 비행기의 날개는 정지하고 있는 것처럼 보인다.

공기가 얇은 날개를 따라 x 방향으로 속력 U로 움직이고 있다고 상상해보자. 그 날개는 공기 흐름을 방해할 것이다. 그 정도는 속도 퍼텐셜 ϕ라고 불리는 x와 y의 함수로 측정할 수 있다.

그리고 속도 퍼텐셜 ϕ는 다음과 같은 편미분방정식을 만족한다.

$$(1 - M^2)\frac{\delta^2 \phi}{\delta x^2} + \frac{\delta^2 \phi}{\delta y^2} = 0$$

이 식에서 M은 마하수Mach number로 다음과 같이 정의된다.

$$M = \frac{U}{c} \quad (c: 음속)$$

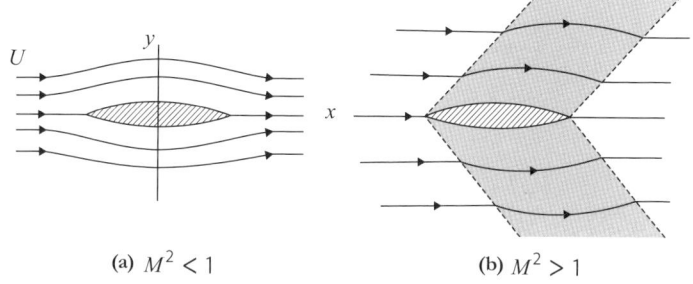

그림 27.3 (a) 공기 흐름이 음속 미만인 경우 (b) 공기 흐름이 음속 초과인 경우

M이 1보다 큰 경우 첫 번째 항의 부호가 바뀌어 미분방정식의 특성과 해가 달라진다는 점을 확인할 수 있다.

공기 흐름이 음속 미만인 경우, 즉 $M<1$이면, 미분방정식은 24강에서 살펴본 복소변수이론과 깊은 관련을 맺는다. 이 경우 기류가 있는 모든 곳에서 공기 흐름에 대한 저항이 발생한다. 날개와 멀리 떨어진 곳에서도 매우 작지만 저항이 발생한다(**그림 27.3a**).

반면 공기 흐름이 음속 초과인 경우, 즉 $M>1$이면, 미분방정식은 본질적으로 고전적인 파동방정식이 되며, **그림 27.3b**의 두 회색 영역을 빼고는 공기 흐름에 어떤 저항도 생기지 않는다.

회색 영역의 경계를 나타내는 점선인 마하선 Mach line 은 x축과 각 α를 이루는데, 여기서 각 α는 다음 식을 만족한다.

$$\sin \alpha = \frac{1}{M}$$

그러므로 공기가 음속보다 더 빨리 움직이면 움직일수록 α의 값은 더 작아진다.

마하선은 일종의 충격파로 기체와 함께 움직인다.

그리고 기체가 도착할 때까지 지상에 정지해 있는 관찰자는 아무런 소리도 듣지 못한다.

28강

미적분에서 카오스이론까지

미분방정식은 오늘날에도 미적분학을 실제 세계에 적용하는 가장 중요한 방법이다. 미분방정식을 다루는 우리의 능력은

그림 28.1 로렌츠방정식에서 나타나는 카오스. x와 y축을 움직이는 점들의 경로.

1960년대에 이르러 컴퓨터 기술의 급속한 발전으로 큰 동력을 얻게 되었다.

컴퓨터를 이용해 미적분을 푸는 법

컴퓨터활용에 관한 기본적인 아이디어는 실제 매우 단순하며, 그 시작은 오일러의 시대까지 거슬러 올라간다.

먼저 다음과 같은 미분방정식이 주어졌다고 가정하자.

$$\frac{dy}{dt} = y$$

사실 여러분은 22강에서 이런 특별한 미분방정식을 풀어본 적이 있다. 하지만 여기에서는 일단 푸는 방법을 모른다고 가정하자.

대신 특정 시간 t에서 y의 값 혹은 y의 근삿값만을 알고 있다고 해보자. 그러면 위 미분방정식은 그 자체로 아주 짧은 시간 변화량 δt와 이에 대응하는 y의 변화량 δy가 다음과 거의 같음을 함축한다.

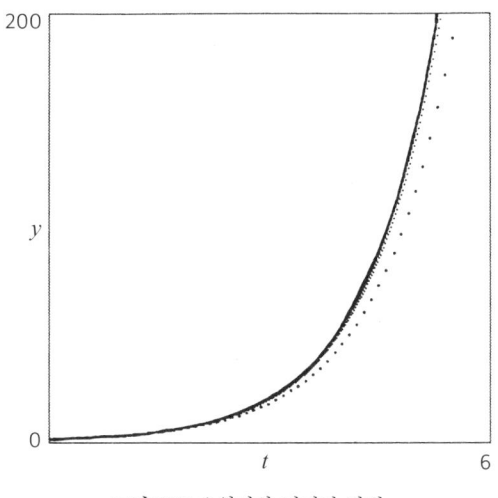

그림 28.2 오일러의 점진적 방법

$$\frac{\delta y}{\delta t} = y$$

이제 우리는 y의 값이나 근삿값을 이용해 δy를 구할 수 있고, 이를 이미 알고 있는 y의 값에 더해 시간 $t + \delta t$에서 새로운 y의 값을 구할 수 있다. 결정적으로 우리는 y의 값을 활용할 수 있고, 동일한 절차를 반복적으로 적용해 δt 이후에 대한 새로운 y의 값을 계속해서 구할 수 있다.

이런 방법을 점진적 방법step by step method이라 부르며, 아주 작은 시간 간격을 많이 취하면 주어진 미분방정식의 진짜 해와 상당히 비슷한 근사치를 구할 수 있다.

예를 들어 **그림 28.2**는 다음과 같은 문제를 점진적 방법으로 풀려는 시도다.

$$\frac{dy}{dt}=y \quad (t=0일\ 때,\ y=1)$$

세 개의 곡선 중 맨 아래 곡선은 $\delta t = 0.1$의 조건으로 얻은 것으로 오차가 점점 증가한다는 것을 알 수 있다. 이에 반해 가운데 점선은 $\delta t = 0.02$의 조건에서 얻은 것으로 진짜 해인 $y=e^t$와 거의 구별할 수 없다.

실제로는 δy를 근사하는 데 더 정교하고 정확한 방법이 사용된다. 그러나 시간을 같은 크기로 잘게 나누고, 미분방정식을 새로운 근삿값을 구하는 과정으로 바꾼 후, 컴퓨터를 사용해 그 과정을 수없이 반복한다는 기본 아이디어는 본질적으로 같다. 이런 방법은 dy/dt가 다루기 어려운 y의 함수인 경우에도 똑같이 사용할 수 있다는 점에서 특히 중요하다.

그리고 이 방법은 미지의 변수가 여럿 있는 미분방정식에서도 사용할 수 있다.

카오스

로렌츠방정식Lorenz equation은 미지의 변수가 여럿 있는 미분방정식의 대표적인 예다. 다음은 가장 대표적인 형태의 로렌츠방정식이다.

$$\frac{dx}{dt} = 10(y-x)$$

$$\frac{dy}{dt} = 28x - y - zx$$

$$\frac{dz}{dt} = -\frac{8}{3}z + xy$$

이 로렌츠방정식은 시간 t의 함수로 미지의 변수 x, y, z로 이뤄진 세 개의 미분방정식으로 구성되어 있다.

이 방정식의 핵심적인 특징은 비선형성nonlinear이다. 이는 xy나 $-zx$와 같이 우리가 찾고자 하는 변수들의 곱이 방정식에 포함되어 있기 때문이다. 이런 특징은 로렌츠방정식을 특히나 어렵게 만든다.

로렌츠방정식은 미국의 기상학자인 에드워드 로렌츠Edward Lorenz의 1963년 논문에 처음 등장한다. 로렌츠는 유체 층에서 발생하는 열대류를 매우 단순하게 모형화하는 과정에서 이 방정식을 발견했다.

로렌츠는 초창기 데스크톱 컴퓨터로 점진적 방법을 이용해 이 방정식을 풀었다. 당신이 변수 중 하나를 선택해 이 방법으로 시간 t에 대한 그래프를 그리면 진동하는 그래프를 얻을 수 있을

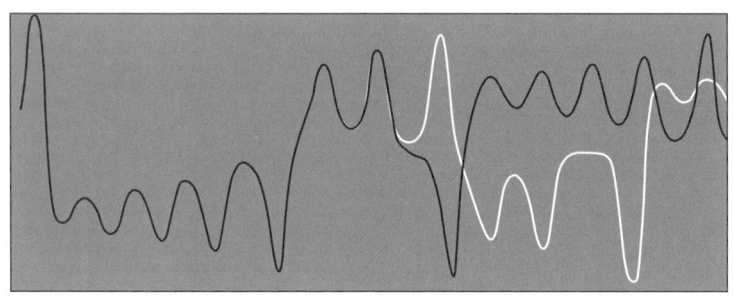

그림 28.3 초기 조건에 극도로 민감한 로렌츠방정식의 카오스

것이다.

그런데 그 진동은 무질서하고 불규칙해 안정적인 상태가 되거나 규칙적이고 주기적인 운동을 할 것처럼 보이지 않는다(그림 28.3).

그리고 카오스chaos에는 또 다른 중요한 특징이 있다.

그림 28.3에는 아주 조금 다른 두 가지 초기 조건을 사용해 얻은 검은색과 흰색의 그래프가 있다. 그림에서 보듯 처음에는 두 그래프의 모양이 구별할 수 없을 정도로 비슷하다. 그러나 몇 차례 진동 후 두 그래프는 달라지기 시작하더니 곧 완전히 다른 모습을 나타낸다.

초기 조건에 대한 이런 극도의 민감성은 카오스의 대표적인 특징이다. 이런 특징은 특히 실제 초기 조건을 정확히 알기 어려운 경우가 많아 카오스 시스템의 장기적인 행동 예측을 어렵게 만든다. 카오스는 물리, 화학, 공학, 생물학 등 분야와 무관하게 비선형적 미분방정식을 포함하는 시스템의 공통적인 특징으로 알려져 있다.

카오스에 관한 일부 핵심 아이디어는 19세기 후반의 위대한 프랑스 수학자 앙리 푸앵카레Henri Poincaré까지 거슬러 올라간다.

하지만 카오스의 중요성은 1960년대 로렌츠를 비롯한 몇몇 연구자의 선구자적 연구 덕택에 비로소 널리 알려졌다.

로렌츠는 처음에 12개의 변수를 가진 더 정교한 컴퓨터 기상 모형을 연구하던 중에 우연히 카오스에 대한 생각을 하게 되었다. 그 모형은 1950년대 물리학자 레이먼드 하이드Raymond Hide의 놀라운 실험들에서 일부 영감을 받았다.

여기에는 온도 차로 인해 안쪽과 바깥쪽의 경계면을 갖고 회전하는 물탱크 실험도 있었다. 핵심만 추려보면 이 실험은 본질적으로 균일한 대기와 온도 차가 있는 대기의 회전 운동을 다룬

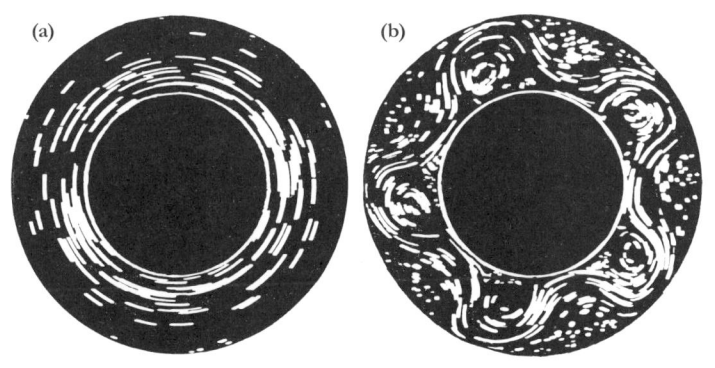

그림 28.4 온도 차가 있는 회전하는 유체의 두 흐름

실험으로 볼 수 있다(그림 28.4).

온도 차가 있는 유체가 느리게 회전하는 경우, 유체의 흐름은 상대적으로 회전축을 기준으로 대칭인 모양을 나타낸다(그림 28.4a). 반면 빠르게 회전하는 경우, 유체는 불안정해지며 대기의 제트기류를 연상시키는 구불구불한 독특한 흐름이 나타난다(그림 28.4b).

하지만 훨씬 더 높은 속도에서 물결 모양의 제트기류는 불규칙적인 방식으로 요동을 쳤는데, 이런 모습이 특히 로렌츠의 호기심을 불러일으켰다. 12개의 변수를 갖는 모형을 이용해 유체 흐름의 일반적인 유형을 연구하던 로렌츠에게 운명이 손을 내밀었다.

실험을 하다가 그는 특정한 결괏값을 다시 얻기 위해 컴퓨터를 멈추고 그에 대응하는 초기 조건을 다시 입력했다. 실행 속도를 높이기 위해 소수점 6자리까지 입력했던 원래 입력값 대신 소수점 3자리의 근삿값을 입력했다.

로렌츠는 이 순간을 다음과 같이 썼다.

"다시 프로그램을 실행한 뒤 나는 커피를 마시기 위해 잠시 자리를 비웠다. 한 시간쯤 지나 다시 자리에 돌아왔을 때, 처음 결과와는 완전히 다른 결과가 나온 것을 발견했다."[10]

로렌츠는 처음에 컴퓨터에 이상이 생긴 것은 아닐까 의심했지만 곧 결과 자체가 완전히 달라졌다는 것을 깨달았다.

그가 커피를 마시는 동안 컴퓨터는 약 두 달간의 날씨를 시뮬레이션했다. 처음에는 초깃값을 반올림해 생긴 오차로 인한 결과의 차이가 매우 작았다. 그러나 결과의 차이는 대략 4일마다 두 배씩 커졌고, 결국 완전히 다른 결과가 나왔다.

'초기 조건에 대한 민감성'이라고 부르는 이 결과는 이처럼 우연히 발견되었다. 로렌츠는 이런 극도의 민감함이 카오스의 주요 원인 중 하나라는 결론에 도달했다.

에드워드 로렌츠는 자기 자신을 세상이 어떻게 움직이는지 이해하기 위해 수학, 특히 미적분학을 사용한 한 명의 과학자일 뿐이라고 생각했던 겸손한 사람이었다.

나는 1973년 어느 날 그와 테니스를 쳤다.

참고 문헌

1. *The English Works of Thomas Hobbes of Malmesbury*, Sir William Molesworth, J. Bohn, 1845.
2. *The English Works of Thomas Hobbes of Malmesbury*, Sir William Molesworth, J. Bohn, 1845.
3. 'Differentials, Higher-Order Differentials and the Derivative in the Leibnizian Calculus' by H. J. M. Bos, in *the Archive for History of Exact Sciences*, Vol. 14, p. 16, 1974.
4. *A History of Mathematical Notations* by F. Cajori, Open Court, 1929, Vol. 2, p. 184.
5. *Isaac Newton on Mathematical Certainty and Method*, referenced, by N. Guicciardini, MIT Press, 2011, p. 373.
6. *The Correspondence of Isaac Newton*, ed. H. W. Turnbull, Cambridge, 1960, Vol. 2, p. 181.
7. Newton, I. (1687). *Philosophiæ Naturalis Principia Mathematica. Jussu Societatis Regiæ ac typis Josephi Streatii*. Londini.
8. *Analysis by its History*, E. Hairer and G. Wanner, Springer, 1996, p. 171.
9. Schrodinger, quoted in *An Introduction to Quantum Physics* by A. P. French and E. F. Taylor, Van Nostrand, 1978, p. 192.
10. Ed Lorenz, quoted in *Bulletin*, Vol. 45, World Meteorological Organization, 1996.

그림 출처

1.3.	(a) Science & Society Picture Library/Getty Images.
	(b) Hulton Archive/Getty Images.
7.5.	Wallis, John. *De sectionibus conicis nova methodo expositis tractatus*. The Bavarian State Library, 1655.
8.3.	(b) I. Newton, *Analysis per quantitatum series, fluxiones, ac differentias: cum enumeration linearum tertii ordinis, Londini, Ex Officina Pearsoniana*, 1711, p. 19. Biblioteca Universitaria di Bologna(collocazione: A. IV.M.IX.28).
10.2.	From Newton's Early papers, MC Add. 3958.4:78v. Reproduced by kind permission of the Syndics of Cambridge University Library.
11.3.	Popperfoto/Getty Images.
12.1.	Schooten, Franz van. (1657). *Exercitationum Mathematicorum*.
12.4.	From Newton's Papers folio 56 of Add. 3965-7. Reproduced by kind permission of the Syndics of Cambridge University Library.
13.1.	Leibniz, 1684, *Acta Eruditorum*.
14.3.	From *Analysis by Its History*, E. Hairer and G. Wanner, p. 107, Springer, 1996. Reproduced by permission from Bibliotheque de Geneve.
15.1.	The Bodleian Libraries, The University of Oxford, call no. Savile ff8, *Analysis per quantitatum series, fluxiones, ac differentias* by Isaac Newton.
15.2.	The British Library.
18.1.	The Bancroft Library.
19.1.	Bettmann/Getty Images.
21.1.	Leibniz, 1684, *Acta Eruditorum*.
23.1.	Culture Club/Getty Images.
23.2.	From Newton's *De Analysi* (1669, published 1711) as it appears in *Analysis by Its History*, E. Hairer and G. Wanner, p. 54, Springer, 1996. Reproduced by permission of Bibliothèque de Genève.
23.3.	Reproduced by kind permission of the Syndics of Cambridge University Library.
28.4.	From R. Hide and P. J. Mason, *Advances in Physics*, Vol. 24, pp. 47-100, 1975.

찾아보기

ㄱ

가속도 88~90, 99
    구심가속도 91~92
    중력에 의한 가속도 88
가장 빠른 경로 112
갈릴레오 10, 56, 67, 158, 173
고트프리트 라이프니츠 12~13,
    39~40, 102~124, 127~128,
    136~140, 143~145, 149~150, 157,
    168~169, 196, 201
곡선의 기울기 33~37
공 모양의 빵 70
구의 부피 55~56
극한 28, 205~210
    극한의 직관적인 정의 28
    극한의 정확한 정의 208
기타 줄의 진동 161~165
기하급수적인 증가 177

ㄴ

날개를 지나쳐가는 공기 흐름
    193~194
넓이 6, 16, 20, 24~30, 46~47,
    49, 53~68, 70~71, 82~86, 106,
    119~120, 170~171
    곡선 아래 넓이 60~62, 82~86,
        119
    원의 넓이 24~28, 53, 55~57
넬슨 기념비 51~52
니콜 오렘 78

ㄷ

단진자 154~158, 165
    단진자에 대한 미분방정식
        154~157
    단진자의 진동 주기 158
대수학 18~19, 22

ㄹ

라디안 132~133, 135, 140
레온하르트 오일러 152~154,
　173~174, 180, 183~184, 189~190,
　220~221
레이디스 다이어리 116~117
레이먼드 하이드 225
로렌츠방정식 219, 222~227
로버트 후크 100
르네 데카르트 23, 126
리만 197~198, 202

ㅁ

마드하바 138
마하 단위의 값 216
맥스웰 방정식 213
무한급수 28~30, 74~86, 124~129,
　137~144, 178~202
　cosθ의 무한급수 187~188
　e의 무한급수 176~179
　sinθ의 무한급수 187~188
　무한급수를 이용한 적분 82~86
　발산 77~81, 181, 198
　수렴 76, 81, 106~107, 144,
　　178~179, 181, 186, 196,

　　198, 206~208
　이항 급수 127
무한대 24, 28, 30, 53~58, 67~69,
　150, 181, 195~198, 205~207
무한소 110~111, 115, 149~150, 210
무한해석입문 180, 184
미분
　e^t의 미분 177~180
　x^2의 미분 40
　x^n의 미분 44, 108
　x^n의 미분(n이 소수) 109
　x^n의 미분(n이 음수) 109
　$\frac{1}{x}$의 미분 42, 110
　곱의 미분 105~106
　공식 44~45
　두 번 미분 118
　비의 미분 107~108
　삼각함수 cosθ의 미분 136
　삼각함수 sinθ의 미분 136
　정의 39
미분방정식 152~160, 162~165, 175,
　211~214, 216~217, 219~225
　단진자 154~158, 165
　비눗물 막 174~175
　양자역학 213~214
　전자기 211~213
　줄의 진동 161~165, 212, 215
　카오스 222~227

파동방정식 162, 213~217
미적분학
　기본정리 62~63, 202
　기호 114~121
　다변수 함수 161, 172
　변분법 173~175
　복소변수 191. 217
　컴퓨터를 이용한 미적분학
　　220~222

ㅂ

바이어슈트라스 205, 208~210
버클리 주교 145~151
보나벤투라 카발리에리 56~57
복소함수 191~193, 215
부피 55~57, 62, 67~70, 72~73, 117, 171
비선형 223, 225
비표준 해석학 210
빛 112~113, 168~169, 211~215
　빛의 굴절 169
　빛의 속도 213, 215
뿔의 부피 55~56

ㅅ

사이클로이드 174
삼각함수 141, 156, 189
상자 쌓기 79~81
속도 87~93, 96, 98~99, 112, 136, 144, 151, 154~155, 157, 161, 213, 215, 216, 226
　속도와 속력 비교 89
속력 10, 89, 92, 97~98, 135, 163, 216
슈뢰딩거 방정식 214~215
신앙심 없는 수학자들에게 보내는 담론 145~146

ㅇ

아르키메데스 24~26, 54~55, 60, 70, 144, 202, 210
아이작 뉴턴 9, 10, 12~13, 18, 22, 62, 65~66, 82, 85~86, 88, 91, 94, 98~102, 114, 116, 122~128, 143~14153, 185~187, 209
아이작 배로 62, 126, 167, 177
앙리 푸앵카레 225
양자역학 113, 213~214
에드먼드 핼리 101~102, 146

에우독소스 55, 210
에이브러햄 로빈슨 210
역학 87~93
연쇄법칙 118, 141, 157
오귀스탱 루이 코시 191, 195, 202
요하네스 케플러 55~56, 96~98, 100
요한 베르누이 114, 173~174
운동 법칙 96~102
원
    넓이 24~29
    원과 홀수 129
    원운동 91
유율 116
유체역학 189~194

제임스 그레고리 138
조제프 루이 라그랑주 173~174
존 윌리스 57~58, 126
좌표 22~23, 33~41, 50, 133~134
중력 9, 79, 88, 90, 91, 98, 100, 102, 154~155, 173
중력의 역제곱 법칙 98, 102
직선의 기울기 32
진동 12~13, 76, 130, 133~146, 154~167, 208~209, 212~212, 215, 223~224
진동 모드 165~167
진동 주파수 165~167
진동하는 기타 줄 162, 165
진행파 163
질병의 확산 177

ㅈ

장 르 롱 달랑베르 163, 209
적분
    기호 119~120
    x^n의 적분 119~121
    무한급수를 이용한 82~86
적분 상수 120, 142
전염병 55, 177
전자기파 212~213
점진적 방법 221~223
접선 21, 36~37, 92, 135

ㅊ

초기 조건 224, 226~227
최단강하곡선 173~174
최댓값과 최솟값 46~50
최소 시간 문제 111~112
최적화 46, 50~51, 169~173

ㅋ

카오스　219~227
크리스티안 하위헌스　137

ㅌ

타원　94~100, 102
테일러급수　185~187
토리첼리　67~69
토머스 홉스　58, 67

ㅍ

파동방정식　162~163, 213~215, 217
편미분　160~165, 170~172, 211~216
프린키피아　94, 102, 150, 209
피에르 페르마　22, 50, 61, 126, 168, 202
피자 정리　71
피타고라스 정리　17~21

ㅎ

행성 궤도　98~100

행성 운동　94~95, 87~98, 101
허수 i　189~191, 214~215
홀수와 π　13, 128~129, 137~138, 142, 196
힘　90~91, 99~102, 128, 154~155, 162~163

옮긴이 김의석

연세대학교 컴퓨터과학과를 졸업한 후 광주과학기술원에서 정보통신공학 박사 학위를 취득했으며, 삼성종합기술원을 거쳐 삼성전자에서 수석 연구원으로 근무했다. 옮긴 책으로 《역사를 바꾼 영웅들》, 《10대를 위한 첫 코딩》, 《수학 천재의 비법 노트》(전3권), 《꿈꾸는 10대를 위한 로봇 첫걸음》, 《코더》, 《로봇&드론》, 《계산기는 어떻게 인공지능이 되었을까?》 등이 있다.

이해하는 미적분 수업

초판 1쇄 발행	2020년 1월 31일
개정판 1쇄 발행	2025년 9월 5일

지은이	데이비드 애치슨
옮긴이	김의석
책임편집	김은수
디자인	윤철호 김수미

펴낸곳	(주)바다출판사
주소	서울시 마포구 성지1길 30 3층
전화	322-3675(편집), 322-3575(마케팅)
팩스	322-3858
이메일	badabooks@daum.net
홈페이지	www.badabooks.co.kr

ISBN	979-11-6689-373-5 03410